Untersuchung eines Zugmagneten für Gleichstrom.

Dissertation

zur

Erlangung der Würde eines Doktor-Ingenieurs

der

Königl. Technischen Hochschule zu Berlin

vorgelegt am 23. November 1910

von

Dipl.-Ing. Karl Euler
aus Wiesbaden.

Genehmigt am 16. März 1911.

Referent: Prof. Dr. W. Wedding.
Korreferent: Prof. Dr.-Ing. W. Reichel.

Springer-Verlag Berlin Heidelberg GmbH 1911

Additional material to this book can be downloaded from http://extras.springer.com

ISBN 978-3-662-39084-9 ISBN 978-3-662-40065-4 (eBook)
DOI 10.1007/978-3-662-40065-4

Die der Arbeit zugrunde liegenden Untersuchungen wurden im Elektrotechnischen Versuchsfeld der Kgl. Techn. Hochschule zu Berlin ausgeführt. Bei Durchführung der Versuche habe ich sowohl von seiten des Vorstehers des Laboratoriums, des Herrn Professor Dr.-Ing. W. Reichel, als auch des Betriebsingenieurs, des Herrn Regierungsbaumeister M. Gerstmeyer, die weitgehendste Unterstützung gefunden.

Besonderen Dank schulde ich Herrn Professor Dr.-Ing. Gg. Hilpert, dem ich die Anregung zu vorliegender Untersuchung verdanke, für das meiner Arbeit stets entgegengebrachte Interesse und seinen wiederholten wertvollen Rat.

Auch den Siemens-Schuckert-Werken, insbesondere Herrn Direktor Frischmuth und Herrn Oberingenieur Rampacher bin ich wegen Überlassung des Versuchsmagneten zu Dank verpflichtet.

Herr Ingenieur Fritz Emde hat mich durch wertvolle Aufschlüsse über das Wesen der Zugkraftbildung und die dabei in Betracht kommenden physikalischen Anschauungen sowie durch Literaturangaben unterstützt, wofür ich ihm auch an dieser Stelle meinen verbindlichsten Dank ausspreche.

Inhaltsverzeichnis.

Einleitung.

Die Berechnung von Elektromagneten mit Hilfe der bekannten Maxwellschen Formel für die Tragkraft:

$$Z = \left(\frac{B}{1000}\right)^2 \frac{F}{24,65}$$

bietet keine Schwierigkeit, wenn es sich um ebene sich berührende Eisenflächen handelt. In diesem Falle liefert die Formel im allgemeinen brauchbare Werte, die mit den gemessenen gute Übereinstimmung zeigen. Solche Magnete verwendet man aber in der Starkstromtechnik nicht, sondern es kommen Magnete mit beweglichem Kern, sog. Zugmagnete, in Betracht, deren Luftspalt sich mit der Stellung des Kernes ändert, und bei denen eine Berührung der gegenüberstehenden Polflächen sogar absichtlich vermieden wird. Versucht man die Zugkraft eines solchen Magneten zu berechnen, so stellt sich schon von vornherein eine Schwierigkeit in den Weg, nämlich die Frage nach der Größe des auftretenden Kraftflusses im Luftspalt und der Sättigung an der Stirnfläche des Kernes. Nimmt man aber an, daß der Kraftfluß auf irgendeine Weise auch nur einigermaßen genau gefunden wäre, und berechnet die Zugkraft nach obiger Formel, so wird das Resultat die bekannte Tatsache ergeben, daß die gerechnete Zugkraft zu klein [1]) und die Abweichung ganz beträchtlich sein kann [2]). Wenn nun, wie meist üblich, statt der ebenen Polflächen gegenüberstehende Kegelflächen angeordnet sind, so wird die Rechnung noch schwieriger, denn man weiß jetzt nicht, wie die Kraftlinien zwischen den beiden Kegelflächen verlaufen werden. Die Verteilung der Kraftlinien auf der Kegeloberfläche ist aber für die Berechnung der Zugkraft von größter Wichtigkeit. Benecke [3]) nimmt zwar an, daß bei kleineren Hüben

---

[1]) Die von Hellmund, ETZ. 1903, S. 713 angegebene Zugkraftformel für großen Hub: $Z = \frac{B^2 . F^2}{l^2}$ ist theoretisch nicht begründet.

[2]) M. Vogelsang, „Über Bremselektromagnete für Gleichstrom". ETZ. 1901, S. 175.

[3]) W. Benecke, „Über den Einfluß der Polform von Magneten auf die Zugkraft derselben". ETZ. 1901, S. 542.

die Kraftlinien senkrecht zwischen den beiden Kegelflächen übergehen, begründet diese Annahme aber nicht. Die vorliegenden Versuche haben dann auch bewiesen, daß seine Annahme nicht zutrifft. Es ist also schon aus diesem Grunde nicht möglich, Übereinstimmung zwischen Rechnung und Messung zu erzielen.

Man hat sich nun dadurch zu helfen gesucht, daß man, von einem anderen Gesichtspunkte ausgehend, mit Hilfe der Arbeitsgleichungen operierte und die in den Magneten hineingeschickte elektrische Energie für die Rechnung verwertete. Dieses zuerst von Cohn [1]) angegebene und später von Emde [2]) erweiterte Verfahren stützt sich auf die rechnerische Ermittlung der Kraftlinienverkettungen (Kraftflußwindungen) der Magnetisierungsspule bei verschiedenen Stellungen des beweglichen Kernes und verschiedenen Magnetisierungsstromstärken, also auf die Berechnung des veränderlichen Selbstinduktionskoeffizienten. Hierin liegt aber für praktische Fälle die Schwierigkeit. Die Kraftlinienverkettungen lassen sich nicht berechnen, wenn die Kraftlinienverteilung im Inneren nicht genau bekannt ist. Alle vereinfachenden Annahmen, daß z. B., wie häufig in der Literatur zu finden ist, die Kraftlinienverkettungen gleich dem Produkt Windungszahl der Magnetspule mal Kraftfluß im Kern, also die Streuung gleich Null ist, oder daß der magnetische Widerstand des Eisenkörpers gegenüber dem Widerstand des Luftraumes verschwindend klein sei, können daher, wie sich auch aus einer Abhandlung von Schiemann [3]) ergibt, nur zu dem gleichen oder einem nicht viel besseren Resultat führen wie die Berechnung der Zugkraft unmittelbar nach der Maxwellschen Formel. Das Wesentliche bleibt immer die genaue Kenntnis der Kraftlinienverteilung im Inneren des Magneten.

Die vorliegende Arbeit hat sich nun zur Aufgabe gestellt, die Kraftlinienverteilung an einem Zugmagneten experimentell zu ermitteln und die gewonnenen Versuchsresultate für die Rechnung zu verwerten, um so einen Beitrag zur Kenntnis solcher Magnete und Unterlagen zu weiteren Untersuchungen zu liefern.

---

[1]) E. Cohn, „Das elektromagnetische Feld". Leipzig 1900, S. 523—526.

[2]) F. Emde, „Über die Beziehung der mechan. Arbeit von Elektromagneten zu ihrer Energie bei veränderlicher Permeabilität". ETZ. 1908, S. 817. Ferner: „Zur Berechnung der Elektromagnete." E. u. M. Wien, 1906, S. 945.

[3]) P. Schiemann, „Die mechan. Arbeitsleistung von Hubmagneten nach dem Gesetz von der Erhaltung der Energie". Zeitschr. f. Elektrotechn. Wien 1905, S. 483.

I. Gang der Untersuchung.

Bei der vorliegenden Untersuchung, bei der es sich um die örtliche Verteilung der Kraftlinien in dem Magneten handelt, können naturgemäß auch nur solche Meßmethoden in Frage kommen, die eine Ermittlung des Kraftflusses in bestimmten Teilen des Magneten gestatten Hierzu gehören die Methode mittels der Wismutspirale und die Induktionsmethode, welche auf der Messung der in Prüfspulen induzierten EMK beruht. Die erste Methode mittels Wismutspirale konnte aus technischen Gründen nicht in Frage kommen, es wurde daher die zweite Methode, die sich eingebauter Prüfspulen bedient, gewählt [1]).

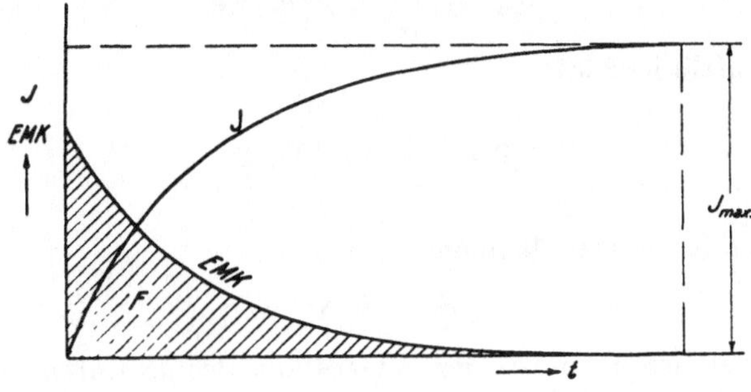

Fig. 1.

Diese Methode besteht kurz in Folgendem: Bringt man an den zu messenden Stellen des Magneten Prüfspulen an, so wird beim Einschalten der Magnetwicklung infolge der allmählichen Zunahme des Stromes und damit auch des Kraftflusses in den Prüfspulen eine EMK induziert, deren zeitlicher Verlauf in Fig. 1 dargestellt ist. Am Ende des Vorganges wird, sobald der Strom seinen Höchstwert J_{max} erreicht hat, keine Kraftlinienänderung mehr eintreten, und die induzierte EMK der Prüfspule ist $= 0$. Unter der Annahme, daß der Vorgang durch keinerlei Nebenerscheinungen gestört wird (z. B. Wirbelströme, durch

[1]) Die aus Nachstehendem und aus den Bemerkungen über die Verwendung von Millivoltmeter und Uhr auf S. 10 sich zunächst ergebende Methode, die EMK-Kurven der Prüfspulen punktweise, unter Zuhilfenahme des Stromanstieges beim Anlegen der Magnetwicklung an eine konstante Spannung, aufzunehmen, hatte Herr Professor Dr.-Ing. Gg. Hilpert als zweckmäßig vorgeschlagen, und zwar mit Rücksicht auf ähnliche, früher von ihm ausgeführte Versuche. Vgl. Dissertation „Über die Trägheit der von elektrischen Energien beeinflußten Massen und ihre einfache Ermittlung auf graphischem Wege", S. 11 und 12, München 1905 oder EKB. 1906, S. 62.

die Selbstinduktion der Prüfspulen usw.), geschieht die Energieübertragung verlustlos, und die induzierte EMK wird bekanntlich:

$$E = n \frac{d\Phi}{dt} \cdot 10^{-8} \text{ Volt},$$

wenn n die Windungszahl der Prüfspule, Φ der mit ihr verkettete Kraftfluß, also $\frac{d\Phi}{dt}$ die Kraftlinienänderung in der Zeiteinheit ist. Dabei ist vorausgesetzt, daß alle Windungen der Prüfspule mit dem Kraftfluß Φ verkettet sind, daß also ein Spulenfaktor, ähnlich wie bei Wechselstrom, hier nicht in Frage kommt.

Es wird also:

$$d\Phi = \frac{1}{n} \cdot 10^8 \cdot E \cdot dt$$

und die Kraftlinienzahl:

$$\Phi = \frac{1}{n} \cdot 10^8 \int_0^t E \cdot dt.$$

Da aber in jedem Moment

$$E = i \cdot w$$

ist, wenn i der Strom und w der Widerstand des gesamten Prüfspulenstromkreises ist, so wird ferner:

$$\Phi = \frac{w}{n} 10^8 \int_0^t i \cdot dt.$$

Das Integral $\int E \cdot dt$ stellt aber die von der EMK-Kurve und der Abszisse eingeschlossene Fläche F (Fig. 1) dar. Der Kraftfluß wird demnach:

$$\Phi = \text{Const.} \times F,$$

d. h. die Fläche F stellt ein Maß für den am Ende des Vorganges bei J_{max} mit der Prüfspule verketteten Kraftfluß dar. Dasselbe gilt natürlich auch für Kraftflußänderungen, die auf andere Weise, z. B. durch Ausschalten der Magnetwicklung oder durch Verschieben des Kernes usw., hervorgerufen werden.

Ermittelt man also bei einer bestimmten Stellung des Kernes für einen bestimmten Höchststrom J_{max} in der Magnetspule die EMK-Kurven verschiedener Prüfspulen, z. B. 1, 2, 3 usw., und hieraus die Flächen F_1, F_2, F_3 usw., so lassen sich die Kraftlinienzahlen Φ_1, Φ_2, Φ_3 usw., die mit den betreffenden Prüfspulen verkettet sind, berechnen. Die Differenz zweier so gefundener Kraftflüsse von benachbarten Prüfspulen, z. B. $\Phi_1 - \Phi_2$, stellt dann die Zahl der zwischen den beiden Prüfspulen 1 und 2 ausgetretenen Streukraftlinien dar.

Führt man dies für verschiedene Stellungen des Kernes (verschiedene Hübe) und verschiedene Stromstärken in der Magnetwicklung aus, so ist man imstande, die örtliche Kraftlinienverteilung zu bestimmen.

Über die Ermittlung der Kraftlinienrichtung soll später (S. 35) gesprochen werden.

Es handelt sich also darum, den zeitlichen Verlauf der EMK-Kurven der Prüfspulen aufzunehmen [1]).

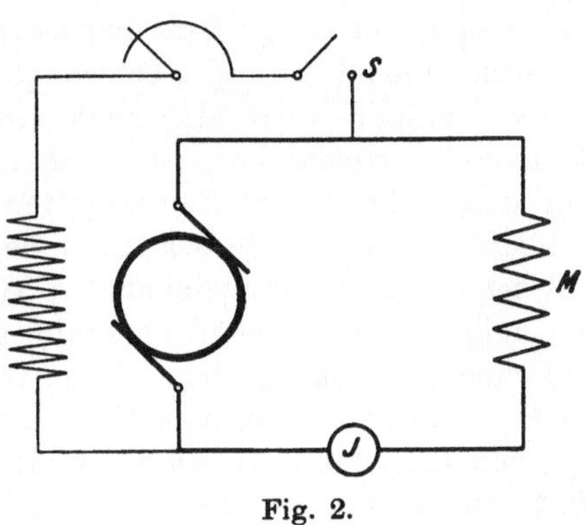

Fig. 2.

Hierzu kamen zunächst der Oszillograph, das registrierende Instrument und die Methode der punktweisen Aufnahme mittels Millivoltmeter und Uhr in Betracht.

Mit diesen drei Methoden wurden Vorversuche angestellt; die beiden ersten Methoden mittelst Oszillograph und registrierender Instrumente lieferten jedoch kein befriedigendes Resultat, hauptsächlich wegen zu kleiner Ausschläge und Flächen. Mit dem benutzten registrierenden Millivoltmeter von Siemens und Halske (Funkenregistrierung) von 1 Ohm innerem Widerstand konnten nur max. Ausschläge von etwa 20 Teilstrichen erreicht werden. Auch der Oszillograph von Siemens und Halske versagte, da der max. einseitige Ausschlag auf dem lichtempfindlichen Papier nur etwa 4 cm beträgt, also die Ermittlung der Flächen, abgesehen von der Strichstärke, schon aus diesem Grunde ungenau werden mußte. Dagegen gelang sowohl die punktweise Aufnahme der Kurven als auch die spätere Auswertung derselben nach der dritten Methode mittels Millivoltmeter und Uhr recht gut und lieferte hinreichend genaue Werte.

Ein Ablesen der Voltmeterausschläge war natürlich mit Rücksicht auf die Schnelligkeit des Vorganges nicht möglich, wenn die Magnetwicklung unmittelbar an die Spannung gelegt wurde. Es mußten

---

[1]) Die direkte Messung des Kraftflusses mit Hilfe des ballistischen Galvanometers schied von vornherein aus, weil mit Rücksicht auf Wirbelstrombildung in dem massiven Eisenkörper des Magneten nur eine möglichst langsame Änderung des Kraftflusses in Frage kam, also die Zeit des Vorganges (bei den endgültigen Versuchen etwa 15—20 Sek.) nicht klein im Verhältnis zur Schwingungsdauer gebräuchlicher Galvanometer sein konnte.

daher Mittel angewendet werden, um den Vorgang zu verzögern, d. h. die Zeit, welche der Magnetisierungsstrom bis zur Erreichung seines Höchstwertes brauchte, künstlich zu verlängern. Es ergab sich schließlich ein Verfahren, welches sehr vorteilhaft war, da es keiner besonderen Hilfsapparate bedurfte. Dieses Verfahren besteht darin, daß die Wicklung M des Magneten an die Klemmen einer sich selbst erregenden Nebenschlußmaschine gelegt wird. Fig. 2 [1]).

Schließt man bei einer mit konstanter Umdrehzahl laufenden unerregten Maschine den Schalter S, so wird die Maschine nicht plötzlich auf volle Spannung kommen, sondern es wird eine gewisse Zeit vergehen, bis sie sich voll erregt hat, und zwar wächst die Spannung nach einer eigentümlichen S-förmig geschwungenen Kurve an. Der Strom in der Magnetwicklung wird also auch allmählich ansteigen, bis er seinen Höchstwert erreicht hat. Die Zeit, die hierzu nötig ist, und die außer von den elektrischen Eigenschaften des ganzen Stromkreises hauptsächlich von der Größe der Maschine, d. h. ihren magnetischen Massen, und der Größe des eingeschalteten Widerstandes im Erregerstromkreis abhängig ist, läßt sich innerhalb genügend großer Grenzen durch Änderung der Tourenzahl und des Widerstandes im Erregerstromkreis regeln [2]). Bei der benutzten Maschine war es z. B. für einen Nutzstrom J_{max} von 19, 30 und 45 Amp. möglich, entsprechende Zeiten von rund 60, 45 und 20 sec. zu erreichen. Mit Hilfe dieser Maschine wurden Vorversuche angestellt, bei denen ein 10 ohmiges Präzisions-Millivoltmeter von Siemens und Halske mit einer der Prüfspulen verbunden war. Die Zeit gab der Schlag des Ankers eines Elektromagneten an, dessen Stromkreis durch eine Kontaktuhr alle 2 Sek. geschlossen wurde. Bei jedem Schlage des Zeitmagneten wurde die Zeigerstellung abgelesen und einem Aufschreiber zugerufen. Die Versuche gelangen gut.

Geht man jetzt noch einen Schritt weiter und nimmt gleichzeitig auch den Verlauf des Stromes in der Wicklung des Magneten, und zwar in derselben Weise wie die Spannung der Prüfspule auf, so ist man imstande, mittels einer Messung die mit der Prüfspule verketteten Kraftflüsse für jeden beliebigen Magnetstrom bis zum Höchstwert zu bestimmen, es braucht also nicht für jede Stromstärke eine besondere Messung ausgeführt zu werden. Fig. 3 zeigt die auf diese Weise aufgenommenen Kurven.

---

[1]) Diese etwas ungewöhnliche und bei den Versuchen benutzte Schaltung, bei der nur der Erregerstrom der Maschine unterbrochen wird, und die Magnetwicklung dauernd an den Ankerklemmen liegt, wurde gewählt, um ein Durchschlagen der Wicklung beim Ausschalten zu vermeiden. Über den hierdurch bedingten Fehler s. S. 48.

[2]) Näheres siehe: Dr.-Ing. Schwaiger, „Einschaltvorgänge bei selbsterregenden Gleichstrommaschinen". E. u. M., Wien 1910, S. 929.

Unter der Voraussetzung, daß magnetomotorische Kraft und erzeugtes Feld Φ in Phase sind, lassen sich die mit der betr. Prüfspule verketteten Kraftflüsse für beliebige Ströme bis zum Höchststrom J_{max} ermitteln. Bestimmt man z. B. für die Zeit t_1 durch Planimetrieren der von der EMK-Kurve bis zur Zeit t_1 eingeschlossenen Fläche die Kraftlinienzahl Φ_1, so stellt Φ_1 die mit der Prüfspule nach t_1 sec. verkettete

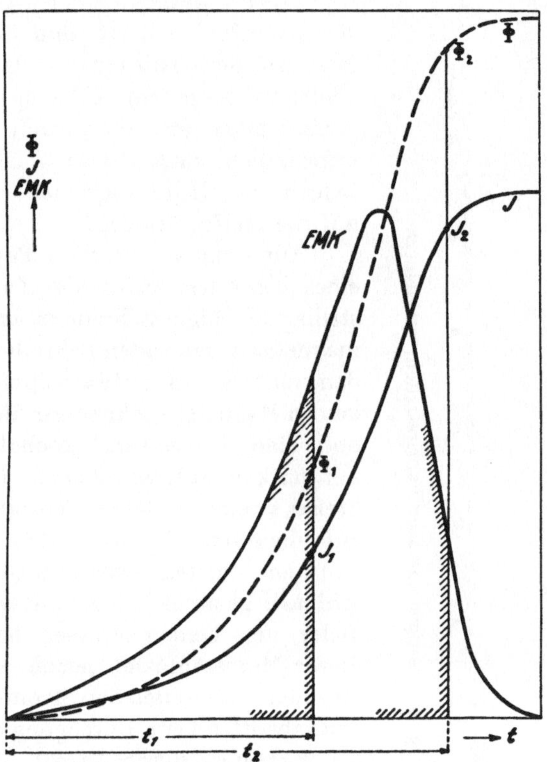

Fig. 3. Verlauf des Stromes J im Magneten und der in einer Prüfspule induzierten EMK in Abhängigkeit von der Zeit. Ermittlung des Kraftflusses Φ aus der EMK-Kurve.

Kraftlinienzahl dar. Zu derselben Zeit ist aber der Magnetisierungsstrom auf J_1 Amp. gestiegen, also ist Φ_1 die Kraftlinienzahl bei dem Strome J_1. Dasselbe gilt für alle übrigen Zeiten bzw. Ströme. Ermittelt man daher die Kraftlinienzahlen für verschiedene Zeiten, so ergibt sich eine Kurve $\Phi = f(t)$, Fig. 3, welche die Kraftlinienzahl in Abhängigkeit von der Zeit t darstellt. Aus dieser Kurve und der Kurve $J = f(t)$ ergibt sich dann ohne weiteres durch Ablesen die Kraftlinienzahl in Abhängigkeit von dem Magnetisierungsstrom. Es ist also möglich, durch gleichzeitige Aufnahme des Magnetisierungsstromes und der in der Prüfspule induzierten EMK, den mit dieser Prüfspule verketteten Kraftfluß für beliebige Magnetisierungsströme zu bestimmen[1]).

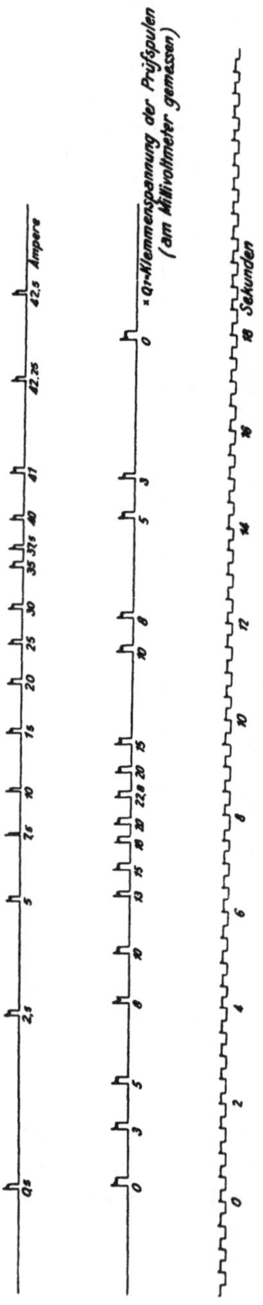

Diese Methode der punktweisen Kurvenaufnahme hat nun noch einen Nachteil, der darin besteht, daß für beide Instrumente je ein Ableser und je ein Aufschreiber, also im ganzen 4 Personen erforderlich sind. Diese Zahl ließ sich jedoch mit Hilfe folgender Einrichtung auf die Hälfte bringen.

Auf dem ablaufenden Papierstreifen eines besonders zu diesem Zwecke konstruierten Magnetschreibers mit elektro magnetisch betätigten Schreibstiften wurden mittels des ersten Schreibstiftes, in dessen Magnetstromkreis ein Akkumulator und eine Kontaktuhr geschaltet waren, Zeitmarken aufgeschrieben. Die Stromkreise zweier weiterer Schreibstifte, die auf denselben Papierstreifen schrieben, konnten mittels gewöhnlicher Morseschlüssel geöffnet und geschlossen werden. Jeder der beiden Ableser hatte einen dieser Morseschlüssel neben seinem Instrument und schloß den Stromkreis seines Schreibstiftes beim Durchgang des Instrumentenzeigers durch 10, 20, 30, 40 usw. Teilstriche. Es entstanden so drei übereinanderliegende Zickzackkurven, und

Fig. 4. Aufgenommener Papierstreifen, verkleinert.

[1]) Das beschriebene Verfahren in etwas abgeänderter Form ist geeignet, in kurzer Zeit den aufsteigenden Ast der Leerlaufscharakteristik größerer Nebenschlußgeneratoren zu ermitteln, indem man, während sich die Maschine selbst erregt, gleichzeitig den Verlauf der EMK des Ankers und den Verlauf des Erregerstromes i_n in Abhängigkeit von der Zeit aufnimmt. Es ist dann bekannt EMK = f (t) und i_n = f (t), also auch EMK = f (i_n), d. h. die Leerlaufscharakteristik.

Additional material from *Untersuchung eines Zugmagneten für Gleichstrom,* ISBN 978-3-662-39084-9, is available at http://extras.springer.com

jeder Ausschlag der Schreibstifte bedeutet einen bestimmten Teilstrich des entsprechenden Instrumentes. In Fig. 4 ist ein in dieser Weise aufgenommener Streifen wiedergegeben.

Das eben beschriebene Verfahren zur Ermittlung von Kraftflüssen durch punktweise Aufnahme von Strom- und Prüfspulen-EMK-Kurven mittels Magnetschreiber unter Zuhilfenahme einer sich selbst erregenden Gleichstrommaschine ist meines Wissens neu und bei vorliegender Untersuchung zum ersten Male angewendet. Gegenüber den sonst üblichen Methoden zur Messung von Kraftflüssen bietet dieses Verfahren den Vorteil, daß mit einer Aufnahme die ganze Charakteristik, d. h. sämtliche Werte des Kraftflusses in Abhängigkeit von dem Magnetisierungsstrom gefunden werden. Dabei ist die Verwendung eines Magnetschreibers zur Kurvenaufnahme nicht unbedingt erforderlich. Da außerdem nur technische Instrumente zur Anwendung kommen, ist man von der Wahl des Aufstellungsortes ziemlich unabhängig, es lassen sich also auch Messungen in der Nähe von laufenden Maschinen machen. Die graphische Auswertung der Meßwerte ist allerdings etwas umständlich, dafür ist aber, wie die Versuche gezeigt haben (S. 50), der Zweck, weshalb diese Methode gewählt wurde, nämlich die Wirbelstrombildung möglichst zu unterdrücken, vollständig erreicht worden, so daß ihre Anwendung gerechtfertigt erscheint.

II. Versuchseinrichtungen.

1. Beschreibung des Magneten und der Abänderungen.

Die Versuche wurden an einer Solenoidbremse Modell S_5 der Siemens-Schuckert-Werke vorgenommen [1]). Die Bremse ist für Bahnzwecke bestimmt, sie hat einen Hub von 150 mm. Die max. Zugkraft beträgt etwa 800 kg bei 1 cm Hub und rund 46000 Amperewindungen. Die wirksamen Eisenteile sind aus Stahlguß. Der Kegelwinkel beträgt 60^0. Alle Konstruktionseinzelheiten ergeben sich aus der Zeichnung Fig. 5 und der Ansicht Fig. 6, die den Magneten auseinandergenommen darstellt. Die ursprünglich vorhandene Magnetspule besaß 459 Windungen von 3,5/3,9 mm Drahtdurchmesser, der Kupferquerschnitt betrug also 9,62 qmm. Bei 46000 Amperewindungen war demnach die Stromstärke 100 Ampere und die max. Beanspruchung des Kupfers ca. $\frac{100}{9{,}62} = 10{,}4$ Amp./qmm.

[1]) Der Magnet wurde mir durch Vermittlung des Herrn Professor Dr.-Ing. Gg. Hilpert in entgegenkommender Weise von den Siemens-Schuckert-Werken zu Versuchszwecken zur Verfügung gestellt.

Zu den Versuchen mußten nun verschiedene Abänderungen vorgenommen werden, vor allem mußte Platz für die Prüfspulen geschaffen und mit Rücksicht auf die hohe Kupferbeanspruchung außerdem für eine kräftige Kühlung gesorgt werden, damit die einzelnen Kurvenaufnahmen möglichst hintereinander und ohne Zeitverlust ausgeführt werden konnten.

Es wurde daher eine neue Magnetspule mit etwas größerem Innendurchmesser gewickelt, so daß zwischen ihr und dem inneren Messingzylinder ein Ringraum frei blieb, der zur Aufnahme der Prüfspulen Nr. 9—15 und als Luftkanal diente. Der Abstand zwischen Spule und

Fig. 6. Magnet auseinandergenommen mit eingebauten Prüfspulen.

Messingzylinder wurde durch 5 mm hohe ⊔-förmige Reiter, die auf den Messingzylinder aufgeschraubt waren, gehalten. Diese neue Magnetspule war aus Zweckmäßigkeitsgründen für eine höhere Spannung, etwa 100 Volt, gewickelt. Sie hatte 1088 Windungen von $3{,}4 \times 1{,}2$ mm blankem und $3{,}8 \times 1{,}6$ mm isoliertem Flachkupfer, entsprechend 4,08 qmm Kupferquerschnitt, ihr Widerstand betrug 2,63 Ω bei 15° C. Für die max. Amperewindungszahl von 46000 waren also $\frac{46000}{1088} =$ 42,3 Amp. erforderlich, so daß die Beanspruchung $= \frac{42{,}3}{4{,}08} = 10{,}4$ Amp./qmm, dieselbe wie bei der ursprünglichen Wicklung war. Der erforderliche Winkelraum war, trotz derselben Isolationsstärke des Kupfers, infolge Verwendung von Flachkupfer um rund 10 % kleiner.

a) Anordnung und Bemessung der Prüfspulen.

Im Inneren des Magneten wurden im ganzen 20 (Nr. 1—20) entsprechend verteilte Prüfspulen in Abständen von je 35 mm und auf der

Rotgußkappe außen noch 3 Prüfspulen (Nr. 21—23) mit etwa 60 mm Abstand angeordnet, s. Fig. 5. Besonderer Wert wurde darauf gelegt, daß an dem Eisenkörper selbst möglichst wenig Änderungen vorgenommen wurden, ferner daß sämtliche Prüfspulen möglichst konzentrisch zur Achse des Magneten lagen. Jede Prüfspule bestand aus 25 Windungen eines Kupferdrahtes von 0,6 mm Durchmesser mit zweifacher Seidenumspinnung. Die Drahtenden, d. h. Anfang und Ende der Prüfspulen, wurden dicht nebeneinander und parallel zur Magnetachse aus dem Inneren herausgeführt und außen verdrillt. Die äußeren Prüfspulen Nr. 1—8 wurden über eine Unterlage aus Preßspan unmittelbar auf die Magnetspule gewickelt (s. Fig. 6) und ihre Lage durch kleine mittels Bindfadenbandagen gehaltene Holzleisten gesichert. Ihre Ableitungen waren am Umfang versetzt an der Oberfläche der Magnetspule entlang durch 8 Bohrungen in dem Deckel von je 4 mm Durchmesser hindurchgeführt. Die inneren 7 Prüfspulen Nr. 9—15 wurden in eingedrehte Rillen des Messingzylinders, die mit Preßspan ausgekleidet waren, gewickelt und ihre Drahtenden im Inneren der Reiter entlang und durch 7 Bohrungen von je 4 mm Durchmesser durch den Deckel hindurchgeführt. Außerdem waren auf der inneren Kegelfläche des Deckels noch 2 (Nr. 16 und 17) und auf der Kegelfläche des Kernes noch 3 Prüfspulen (Nr. 18—20) angeordnet. Diese Spulengruppen wurden auf besondere, aus Messingblech hergestellte und mit Preßspan entsprechend isolierte Rahmen für sich gewickelt und auf den Kegelflächen mit kleinen Schrauben befestigt. In Fig. 6 ist links der Rahmen für den festen Konus mit den beiden Prüfspulen Nr. 16 und 17 deutlich sichtbar, ebenso rechts der auf den Konus des beweglichen Kernes aufgeschraubte, aber noch unbewickelte Rahmen der Prüfspulen Nr. 18—20. Für die Ableitungen dieser drei beweglichen Prüfspulen mußte eine besondere Ausführung angebracht werden, und zwar wurden die Enden in einer im Kern vorhandenen Nut entlang, dann durch ein zu diesem Zweck angebrachtes Messingrohr, das durch die Rotgußkappe hindurchging, nach einem besonderen, am Zughaken befestigten Klemmbrett geführt. Fig. 6 läßt die Nut im Kern sowie Messingrohr und Klemmbrett gut erkennen. Es war also in dem Magneten selbst keine bewegliche Verbindung vorhanden. Um schließlich die drei letzten Prüfspulen Nr. 21—23 anzubringen, wurden die Rippen der Rotgußkappe an den vorgesehenen Stellen eingedreht (s. Fig. 6 rechts hinten) und die Spulen, nach Auskleiden der entstandenen Rillen mit Preßspan, unmittelbar auf die Rotgußkappe aufgewickelt.

Die Zuleitungen sämtlicher Prüfspulen, mit Ausnahme der drei beweglichen Spulen 18—20, wurden nach einem mittels zweier Stehbolzen auf dem Magneten befestigten Klemmbrett geführt.

b) Kühlung.

Wegen der hohen Kupferbeanspruchung mußte, wie schon vorher erwähnt, für eine kräftige Kühlung gesorgt werden. Als zweckmäßigstes und reinlichstes Kühlmittel wurde Luft gewählt, die so geführt war,

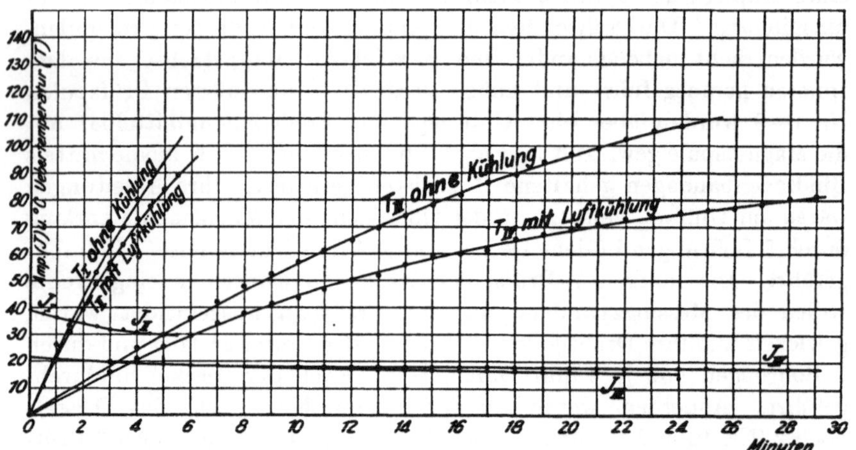

Fig. 7. Erwärmungskurven des Magneten mit und ohne Luftkühlung.

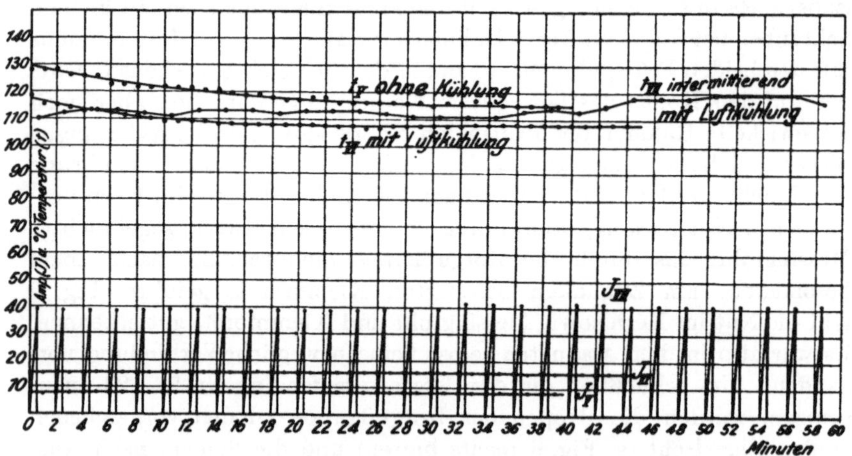

Fig. 8. Erwärmungskurven des Magneten bei Dauer- und intermittierender Belastung mit und ohne Luftkühlung.

daß sie die ganze Oberfläche der Magnetspule mit Ausnahme einer Stirnfläche bespülte. Zu diesem Zweck war ein aus Rotguß hergestellter Ringkanal (in Fig. 6 links vorn liegend) auf den Deckel der Bremse luft-

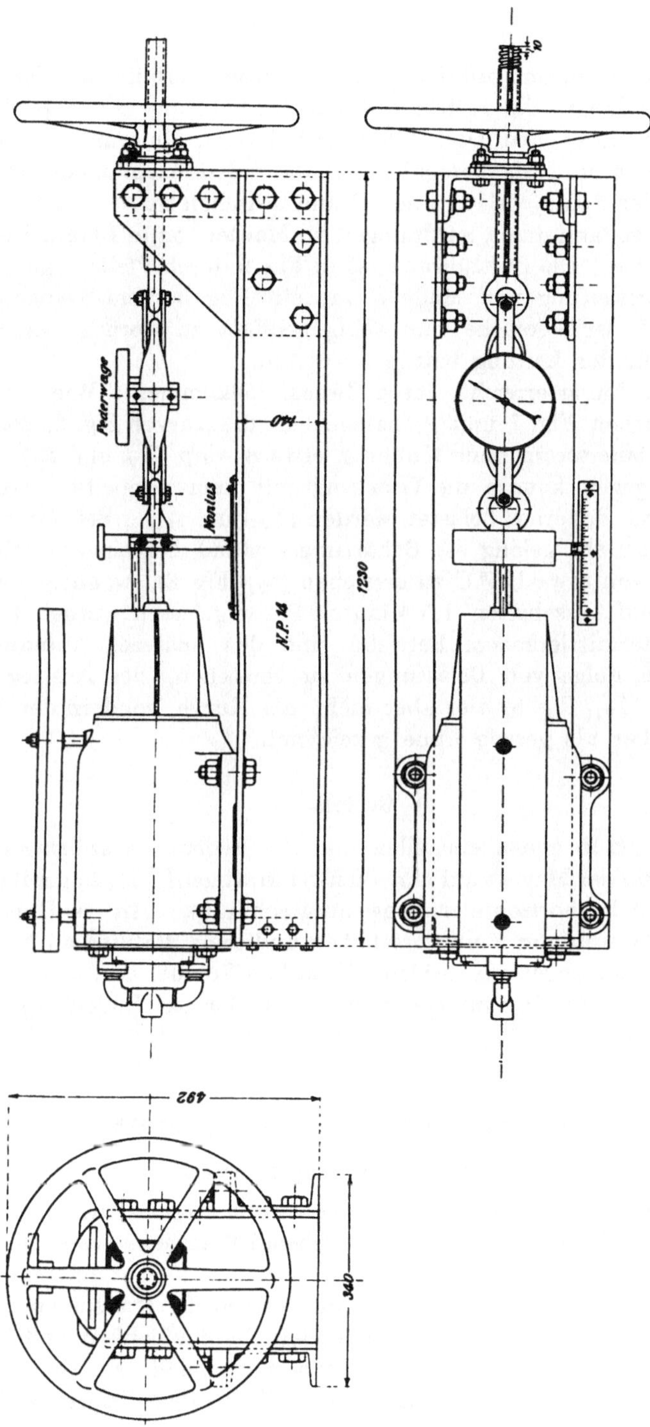

Fig. 9. Gestell zum Magneten.

dichtaufgeschraubt und mit der Druckluftleitung verbunden. Von dem Kanal aus gelangte die Kühlluft durch 16 Bohrungen von je 6 mm Durchmesser durch den Deckel hindurch in den Ringraum zwischen Rotgußzylinder und Magnetspule, von da radial nach außen an der Stirnfläche der Spule vorbei in den Raum zwischen Spule und Magnetgehäuse und sodann durch 8 Öffnungen im Mantel von je 10 mm Durchmesser ins Freie. Die Luftführung ist in Fig. 5 durch Pfeile angegeben. Zwischen Luftleitung und Magnet war ein Regulierventil eingebaut. das während der Versuche nur wenig geöffnet zu werden brauchte. Der Druck in der Leitung betrug 5—6 Atm.

Diese Kühlung erreichte ihren Zweck vollkommen. Wie die Erwärmungskurven Fig. 7 und 8, namentlich die Kurven Fig. 8, zeigen, betrug der Dauerstrom ohne Kühlung etwa 8 Amp. (J_V und t_V); mit Kühlung dagegen konnte die Wicklung mit dem doppelten Strome, also 16 Amp., dauernd belastet werden (J_{VI} und t_{VI}). Bei intermittierendem Betriebe gelang es, Beharrungszustand bei einer mittleren Temperatur von etwa 115° C zu erreichen (t_{VII} Fig. 8), wenn zwischen dem Ein- und Ausschalten 1,5 Minuten Pause gelassen wurde. Dabei ist unter intermittierendem Betriebe eine den späteren Aufnahmen nachgeahmte Folge von Belastungen zu verstehen, der Anstieg der Stromkurve (J_{VII} Fig. 8) hier aber nicht als Kurve, sondern der Einfachheit halber als gerade Linie gezeichnet.

c) Gestell.

Um den Hub genau einstellen und die Federwage anbringen zu können, wurde der Magnet auf ein von zwei kräftigen ⊔-Eisen gebildetes Gestell Fig. 9 in horizontaler Lage aufgeschraubt. Mittels Handrad und Spindel konnte der Kern verschoben und seine Stellung an Nonius und Skala genau abgelesen werden. Zwischen Spindel und Zugöse des Magneten war ein Dynamometer von Schäffer & Budenberg eingeschaltet.

2. Die Meßinstrumente und Apparate.

a) Millivolt- und Amperemeter.

Die Aufnahme sowohl des Magnetisierungsstromes als auch der Prüfspulen-EMK geschah mittels Drehspul-Präzisions-Instrumenten von Siemens & Halske.

Für die Wahl des Instrumentes zum Messen der Prüfspulen-EMK mußten, abgesehen von einer hinreichenden Empfindlichkeit und einer passenden Dämpfung, zwei Bedingungen maßgebend sein, es mußte erstens die Berechnung der induzierten EMK aus dem Zeigerausschlag mit genügender Genauigkeit möglich sein, ohne die Temperatur und die damit verbundene Widerstandsänderung der Prüfspulen genau zu kennen, d. h. den Widerstand jedesmal zu messen; zweitens mußte, da es sich um veränderliche Vorgänge handelte, das Drehspulsystem möglichst geringe Maße bei großer Direktionskraft haben, damit es auch wirklich die Momentanwerte anzeigte, es mußte also möglichst kleine Schwingungsdauer besitzen. Alle diese Bedingungen ließen sich praktisch in einem Instrument nicht vereinigen, es mußte daher ein Kompromiß geschlossen werden.

Für die erste Bedingung ist nur die Verteilung der einzelnen Widerstände des Prüfspulenstromkreises maßgebend. Sind die Widerstände w_p der Prüfspule, w_v des Vorschaltwiderstandes und w_J des Instrumentes bekannt (vgl. Fig. 10), so läßt sich die EMK aus der Gleichung:

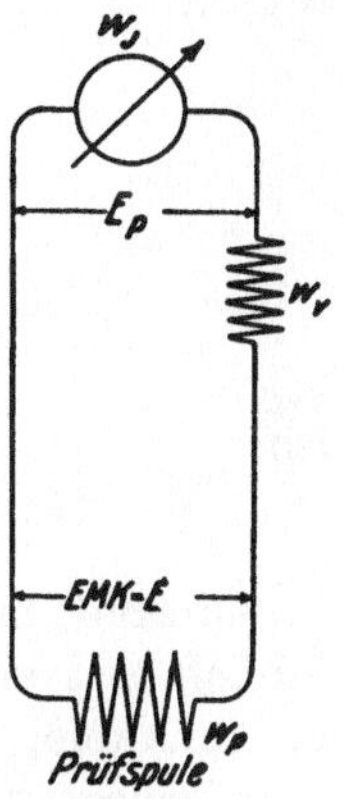

$$E = i\,(w_p + w_v + w_J) =$$

$$E_p \frac{w_p + w_v + w_J}{w_J} = E_p \frac{W}{w_J}$$

berechnen, wenn E_p die am Instrument abgelesene Klemmenspannung ist.

Fig. 10.

Unter der Annahme jedoch, daß die Temperatur des Magneten, also auch die Temperatur der Prüfspulen um $\pm$ 30° C schwankt, der Widerstand zweier hintereinander geschalteter Prüfspulen also z. B.

$$\begin{aligned} w_{p_1} &= 2{,}68 \quad &\text{bei } t_1 &= 70^0\,C \\ w_{p_m} &= 3{,}0 \quad &\text{bei } t_m &= 100^0\,C \\ \text{und } w_{p_2} &= 3{,}32 \quad &\text{bei } t_2 &= 130^0\,C \end{aligned}$$

ist, so ändert sich auch der Faktor W auf der rechten Seite der Gleichung:

$$E = E_p \frac{W}{w_J}$$

um den Betrag $\pm \Delta w_p$, wenn Δw_p die Widerstandsänderung der Prüf spule ist. Soll daher, der Voraussetzung entsprechend, mit einem mittleren Prüfspulenwiderstand w_{p_m} gerechnet werden, d. h. die Widerstandsänderung $\pm \Delta w_p$ nicht berücksichtigt werden, so entsteht da durch ein absoluter Fehler von der Größe:

$$\pm \Delta E = E_p \frac{W}{w_J} - E_p \frac{(W \pm \Delta w_p)}{w_J} = \mp E_p \frac{\Delta w_p}{w_J} \text{ Volt.}$$

und ein prozentualer Fehler von:

$$\frac{\mp E_p \frac{\Delta w_p}{w_J}}{E} 100 = \frac{\mp E_p \frac{\Delta w_p}{w_J}}{E_p \frac{(W \pm \Delta w_p)}{w_J}} = \mp \frac{\Delta w_p}{w_{p_m} \pm \Delta w_p + w_v + w_J} . 100$$

Nimmt man nun an, daß der Vorschaltwiderstand w_v im ungünstigsten Falle = 0 ist, und der prozentuale Fehler nicht größer wie $a = \pm 1{,}5\ \%$ sein soll, so ergibt sich der Instrumentenwiderstand w_J aus der Gleichung:

$$\mp \frac{\Delta w_p}{w_{p_m} \pm \Delta w_p + w_v + w_J} . 100 < a$$

zu

$$w_J > \frac{100 . \Delta w_p}{a} - w_{p_m} \mp \Delta w_p - w_v \ \Omega$$

also

$$w_J > 18{,}62 \text{ bzw. } 17{,}98\ \Omega$$

Obwohl hier mit sehr ungünstigen Bedingungen gerechnet ist, nämlich mit einer reichlichen Temperaturschwankung von 60° C und der Annahme, daß der Vorschaltwiderstand = 0 ist, wurde doch Wert darauf gelegt, den prozentualen Fehler von 1,5 % nicht zu überschreiten. Das zunächst in Frage kommende 10 ohmige Millivoltmeter bis 45 MV. von Siemens & Halske war daher in diesem Falle ungeeignet, obwohl die anderen Eigenschaften, genügende Empfindlichkeit und kleine Schwingungsdauer, ausreichten. Auch ein anderes Mittel, den Fehler durch Verkleinern der Prüfspulenwiderstände zu verringern, kam nicht in Betracht, weil die Windungszahl der Prüfspulen festlag, und der Winkelraum aus praktischen Gründen nicht vergrößert werden konnte. Es blieb also nur die Vergrößerung des Instrumentenwiderstandes übrig, und zwar konnte ein Instrument mit höherem Eigenwiderstand beschafft werden, das allen gestellten Bedingungen genügte. Dieses Instrument war von Siemens & Halske für den vorliegenden Zweck besonders hergestellt. Es besaß zwei Meßbereiche von 15 und 45 Millivolt bei 150 Teilstrichen und hatte einen Widerstand von rund 22 bzw. 66 Ohm. Das bewegliche System war annähernd dasselbe wie das des normalen 10 ohmigen Instrumentes der Firma. Bei dem kleinen Meßbereich und einem äußeren Widerstand von 1 Ohm war die Dämpfung aperiodisch. Alle Messungen wurden mit diesem Meßbereich durchgeführt; da jedoch der äußere Widerstand meist viel größer wie 1 Ohm war, so war im allgemeinen die Dämpfung unteraperiodisch.

Die zweite Bedingung, daß das Instrument möglichst die Momentanwerte zeigt, kann theoretisch nicht erfüllt werden. Handelt es sich um eine stetige Änderung der zu messenden EMK, was hier vorausgesetzt sein soll, so muß der Zeiger sowohl bei aperiodischer wie bei überaperiodischer Dämpfung stets dem wahren Wert der EMK nacheilen, weil der Zeiger theoretisch unendlich lange Zeit braucht, bis er den wahren Wert erreicht hat. Ist die Dämpfung dagegen unteraperiodisch, so ist je nach der Änderung der EMK, d. h. nach der Kurvenform der EMK, sowohl ein Vor- wie ein Nacheilen möglich. Da es sich in vorliegendem Falle um Vorgänge von 15—20 sec Zeitdauer handelt und die max. Zeigerausschläge zwischen 10 und 30 Teilstrichen liegen, also verhältnismäßig klein sind, so konnte mit Rücksicht darauf, daß die Dämpfung nie überaperiodisch war, und die Schwingungsdauer des Instrumentes selbst bei aperiodischer Dämpfung nur rund 0,5 sec betrug, angenommen werden, daß der Zeiger des Instrumentes die Momentanwerte mit genügender Genauigkeit anzeigte. Diese Annahme wurde später als richtig erwiesen. Eine rechnerische Kontrolle konnte nicht durchgeführt werden, weil die hierzu erforderlichen Daten des Instrumentes wie Gewicht des beweglichen Systems, Direktionskraft usw. nicht zur Verfügung standen.

b) Kontaktuhr.

Für die Zeitmessung wurde eine Kontaktuhr von W. Morell, Leipzig, benutzt, die den Strom des Schreibstiftes alle halbe Sekunde schloß und nach ungefähr einer Viertelsekunde wieder öffnete; die so entstandenen Zeitmarken sind in Fig. 4 wiedergegeben. Die Richtigkeit der Kontaktuhr war in der Weise kontrolliert, daß die mittels Magnetschreibers während einer bestimmten Zeit aufgeschriebenen Zeitmarken abgezählt und mit den Angaben einer Taschenuhr verglichen wurden. Den Strom lieferte ein 4-Volt-Akkumulator.

c) Federwage.

Die Messung der Zugkraft konnte auf zwei Arten, entweder mit Hilfe von Gewichten oder mittels Federwage (Dynamometer) geschehen. Die erste Methode, die darin besteht, daß man bei senkrechter Lage des Magneten den beweglichen Kern belastet und ihn bei den zu untersuchenden Stellungen durch Unterlagen stützt, dann den Strom steigert oder den Kern so lange entlastet, bis er in Bewegung gerät, liefert zu kleine Werte, denn das Gleichgewicht muß schon beim Beginn der Bewegung des Kernes überschritten sein, d. h. die Zugkraft muß größer wie die Last sein. Um die Zugkraft genau zu bestimmen, muß also der Kern in seiner Lage verharren; hierzu genügt es nicht nur, daß Gleichgewicht vorhanden ist, sondern das Gleichgewicht muß auch stabil sein, d. h. für benachbarte Stellungen des Kernes muß sich die Last in demselben Sinne, und zwar mehr wie die Zugkraft, ändern, damit der Kern

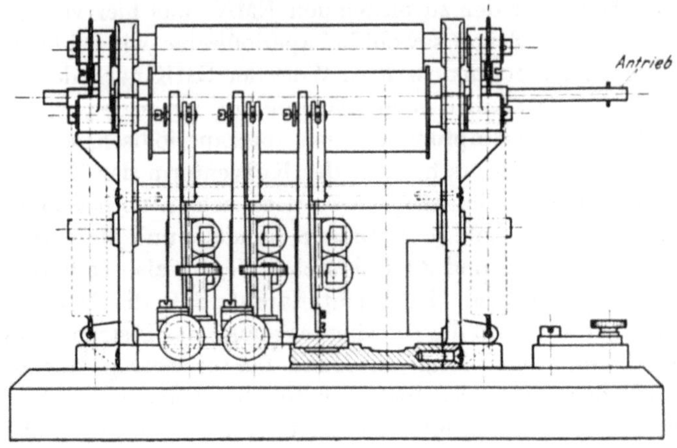

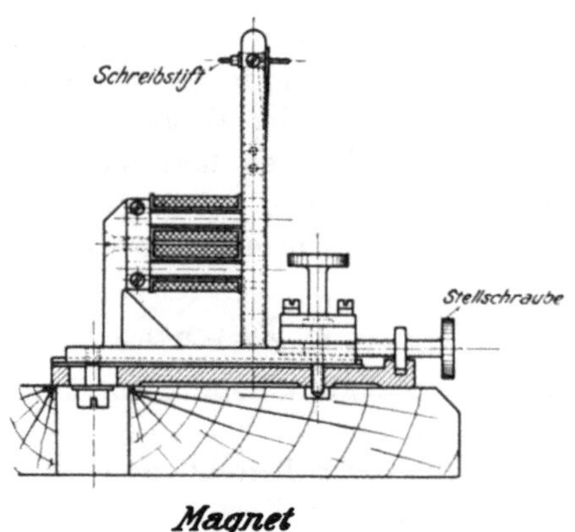

Fig. 11. Magnetschreiber.

in die Anfangsstellung zurückzukehren sucht. Diese Bedingung wird von der Federwage erfüllt, weshalb sie der Zugkraftmessung mittels Gewichten vorgezogen wurde. Die zur Verfügung stehende Federwage reichte bis 500 kg; sie war vorher auf einer Festigkeitsmaschine in hängender Lage bei zunehmender Belastung geeicht.

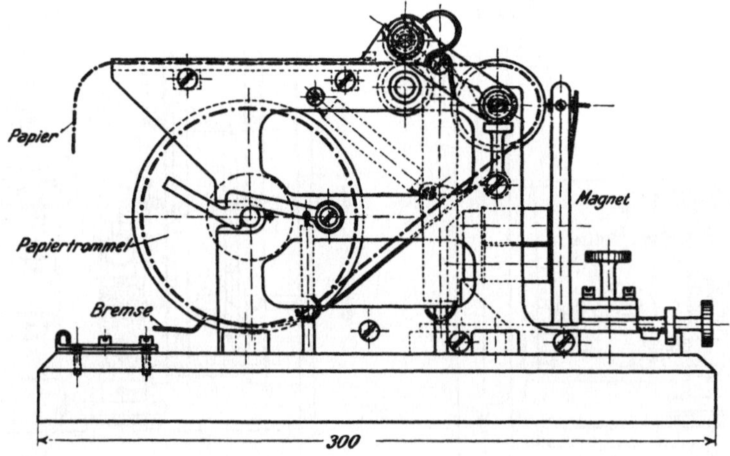

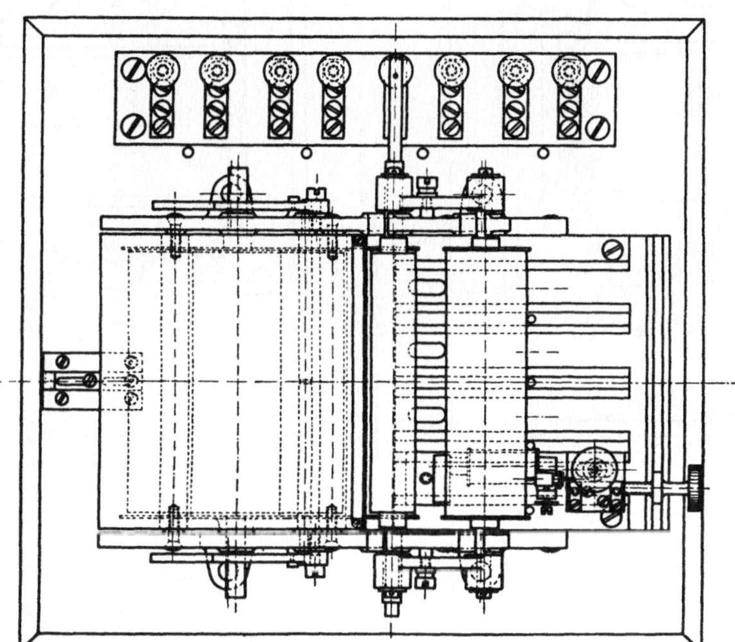

Fig. 11. Magnetschreiber.

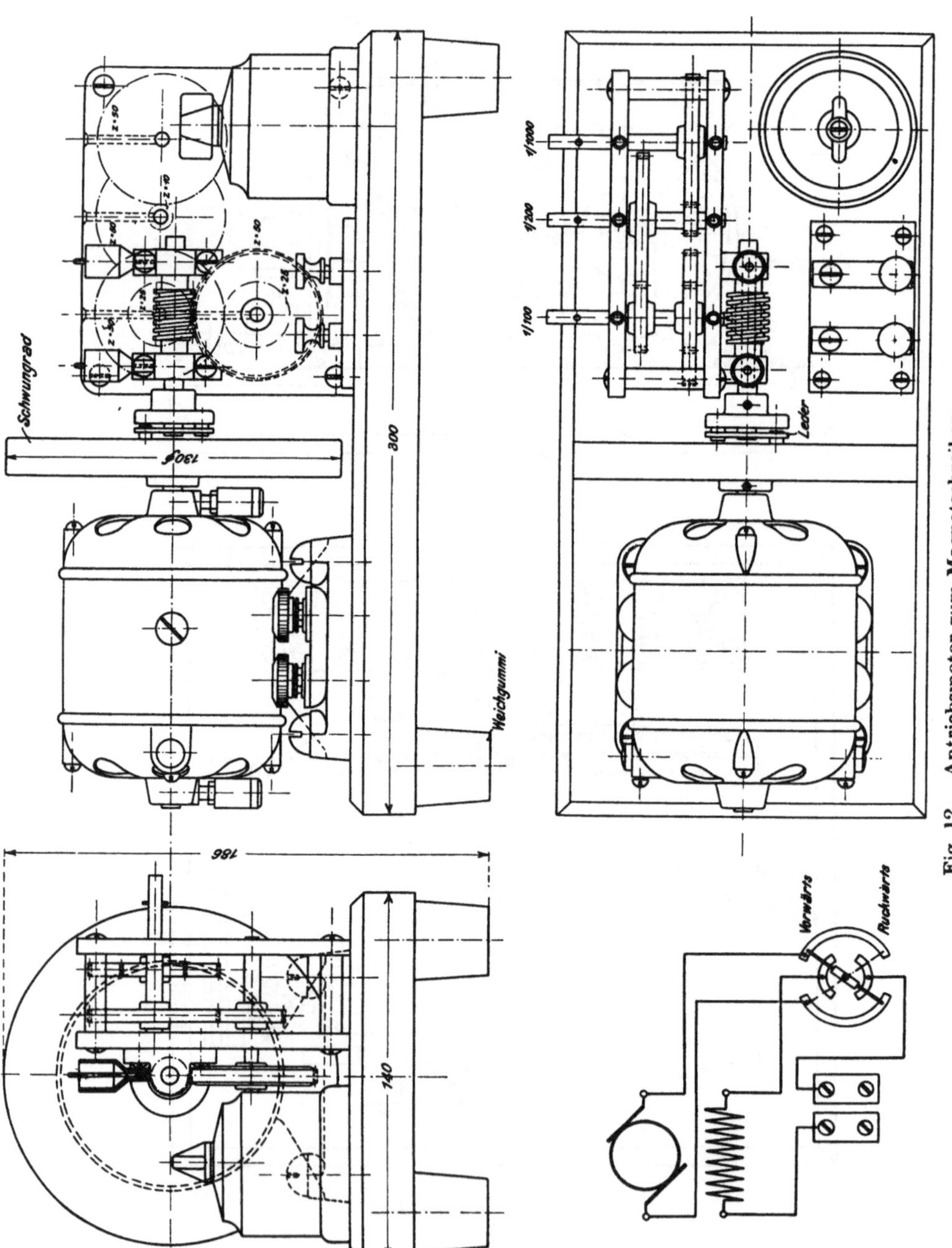

Fig. 12. Antriebsmotor zum Magnetschreiber.

d) Magnetschreiber und Antriebsmotor.

Der bei den Versuchen verwendete Schreibapparat besteht aus dem eigentlichen Magnetschreiber [1]) Fig. 11 und dem Antriebsmotor mit Vorgelegen Fig. 12, der mit ersterem durch eine biegsame Welle gekuppelt wird.

Fig. 13. Magnetschreiber auseinandergenommen und Antriebsmotor.

Der Magnetschreiber besitzt vier Schreibmagnete, eine auswechselbare Papiertrommel, eine Schreibwalze von größerem Durchmesser, eine fein gezahnte Antriebswalze und eine Druckwalze, die das Papier auf die Antriebswalze preßt, außerdem ist eine Bremse für die Papiertrommel und ein Bügel mit scharfer Kante zum Abreißen der Papierstreifen vorhanden. Die Antriebswalze ist in den beiden Seitenschildern fest gelagert und wird mit der biegsamen Welle gekuppelt. Die Achsen der Schreib- und der Druckwalze sind durch je einen Arm, der die Lager dieser Walze enthält, miteinander verbunden und werden in schrägen Schlitzen der Seitenschilder geführt. Die Schlitze sind deshalb schräg angeordnet, damit die Walzen beim Einsetzen einer neuen Papierrolle entfernt werden können, ohne die Schreibstifte abzubrechen oder sie vor-

[1]) Bei der Anfertigung der Konstruktionszeichnungen war mir Herr Dipl.-Ing. Hübsch behilflich. Der Appazat ist von der Firma Wilhelm Morell, Leipzig, ausgeführt.

her verstellen zu müssen. Das Anpressen der Druckwalze geschieht mittels Schraubenfedern, die an den beiden Verbindungsarmen angreifen. Die Papiertrommel ist ebenfalls in Schlitzen der Seitenschilder unter der oben zwischen diesen befindlichen Platte gelagert und wird durch zwei federnde Nasenhebel in ihrer Lage gehalten.

Die vier Schreibmagnete sind auf Gleitschienen nebeneinander angeordnet, ihre Schreibhebel sind als Schwinghebel ausgebildet und tragen am Ende die Schreibstifte, sie können nur bei angezogenem Magnetanker ausschwingen, bei Stromunterbrechung legt sich der Kopf des Schreibhebels an einen verstellbaren Anschlag an. Die Schreibstifte zeichnen also Zickzackkurven mit periodisch wiederkehrenden Wellenlinien auf (vgl. Fig. 4), deren Beginn den Moment des Einschaltens

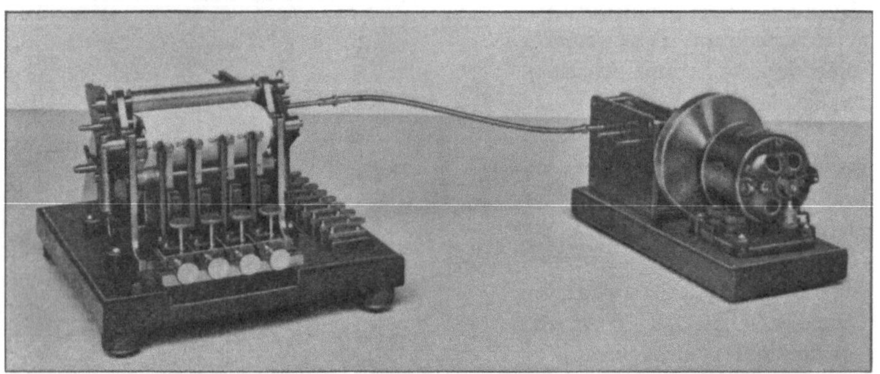

Fig. 14. Magnetschreiber mit Antriebsmotor gekuppelt.

bedeutet, dadurch ist es möglich, den Papierstreifen mit Sicherheit zu lesen. Alle vier Schreibmagnete besitzen getrennte Klemmen und lassen sich mittels Stellschrauben auf ihren Gleitbahnen verschieben, so daß der Druck der Schreibstifte auf das Papier geregelt oder die Schreibstifte nach Bedarf ganz von dem Papier abgezogen werden können. Die Papierführung ergibt sich aus Fig. 11 ohne weiteres. Die Ansicht Fig. 13 zeigt rechts die herausgenommene Papierwalze und die durch Arme untereinander verbundene Schreib- und die Druckwalze, außerdem ist ein vollständiger Schreibmagnet aus dem Apparat entfernt und vorn in der Mitte aufgestellt.

Zum Antrieb dieses Magnetschreibers dient der schon vorhin erwähnte Motor mit Übersetzungen, Fig. 12. Ein kleiner Hauptstrommotor (GM_2 der Siemens-Schuckert-Werke), auf dessen Welle ein Schwungrad aufgekeilt ist, ist mittels Lederkupplung mit der eingängigen Schnecke des Rädergetriebes unmittelbar gekuppelt. Die Schnecke überträgt ihre Bewegung auf ein darunter liegendes Schneckenrad mit 50 Zähnen (Übersetzung $^1/_{50}$). Die übrigen drei Übersetzungen werden durch Zahnräder bewirkt, die in zwei Seitenschildern gelagert sind. Alle Einzelheiten ergeben sich aus Fig. 12, die eingeschriebenen Zahlen bedeuten Zähnezahlen. Die drei oberen Wellen ragen aus dem Seitenschild heraus und können je nach Bedarf mit der biegsamen Welle gekuppelt werden. Es sind also drei Übersetzungen $^1/_{100}$, $^1/_{200}$ und $^1/_{1000}$ vorhanden. Da der Motor normal mit 2200 Umdrehungen in der Minute läuft, und die Antriebswalze für das Papier einen Durchmesser von 20 mm hat, so lassen sich mit den drei Übersetzungen allein Papiergeschwindigkeiten von etwa 23; 11,5 und 2,3 mm in der Sekunde erreichen, außerdem kann noch durch Vorschaltwiderstand die Umdrehzahl des Motors geändert werden, so daß sich die Papiergeschwindigkeit zwischen den Grenzen 25 und 1 mm/sec in beliebigen Stufen regeln läßt. Ein Umschalter dient zur Umkehr der Drehrichtung des Motors bei Änderung der Übersetzung. Die Ansicht Fig 14 zeigt noch den Magnetschreiber mit angekuppeltem Motor.

3. Die vollständige Versuchseinrichtung.

Das Schaltschema der Versuchseinrichtung ist in Fig. 15 dargestellt. Der Antriebsmotor liegt an einer 220-Volt-Batterie und ist mit dem Generator durch Riemen gekuppelt. Als Generator erwies sich eine ältere vierpolige Nebenschlußmaschine von Siemens & Halske für 110 Volt und verhältnismäßig großen Eisenmassen als geeignet. Um ein Durchschlagen der Isolation beim Ausschalten zu vermeiden, wurde, wie schon früher erwähnt, die Wicklung des Magneten dauernd an die Klemmen der Maschine angeschlossen und stets nur der Erregerstrom mittels des Nebenschlußreglers langsam unterbrochen. Dieser Nebenschlußregler diente gleichzeitig auch zum Einstellen des max. erforderlichen Nutzstromes.

Der Motor zum Antrieb des Magnetschreibers war ebenfalls an die 220-Volt-Batterie angeschlossen, seine Umdrehzahl und damit die Papiergeschwindigkeit wurde mittels des eingezeichneten Vorschaltwiderstandes geregelt.

Die zur Betätigung der Schreibhebel dienenden beiden Morseschlüssel waren neben den Meßinstrumenten auf den Tisch geschraubt. Den Strom lieferte eine 4 Volt-Batterie, in deren Stromkreis auch die Kontaktuhr eingeschaltet wurde. Alle diese Schwachstromleitungen sind in Fig. 15 punktiert eingezeichnet.

Eine Ansicht des ganzen Versuchsstandes zeigt die Aufnahme Fig. 16. Auf dem rechten Tisch steht der Magnet mit Untergestell, man sieht Handrad und Spindel, Federwage, die beiden Klemmbretter, das kleine auf der Zugöse und das große über dem Magneten, den an dem kleinen Klemmbrett befestigten Arm für den Nonius zur Einstellung des Hubes, die drei außen auf der Kappe liegenden Prüfspulen sowie das von hinten kommende Rohr und das Absperrventil für die Druckluft. Auf dem hinteren Tisch steht der Stöpselwiderstand für den Prüfspulenstromkreis, der Antriebsmotor für den Magnetschreiber und da-

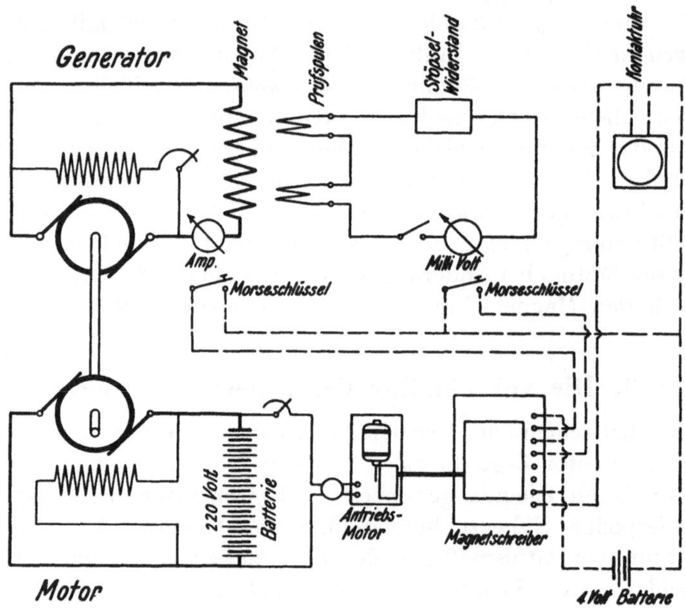

Fig. 15. Schaltschema der Versuchsanordnung.

zwischen ein Schiebewiderstand zum Regeln der Umdrehzahl dieses Motors. Auf dem linken Tisch folgt dann der mittels biegsamer Welle gekuppelte Magnetschreiber, davor die Kontaktuhr und der Nebenschlußregler für den Generator, rechts das Millivoltmeter für den Prüfspulenkreis mit dahinterliegendem Morseschlüssel und links das Amperemeter mit zugehörigem Morseschlüssel für den Magnetisierungsstrom des Magneten.

Alle starkstromführenden Kabel sowie auch die Zuleitungen zu den Prüfspulenklemmen waren verdrillt.

Fig. 16. Versuchsstand.

III. Ausführung der Versuche und Auswertung.

1. Messung der Zugkraft.

Bei der Ausführung der Zugkraftmessung ergab sich folgende Schwierigkeit. Die Federwage zeigte ganz verschiedene Werte an, es kamen Abweichungen bis zu 50 % vor, je nachdem die Zugkraft bei zu-

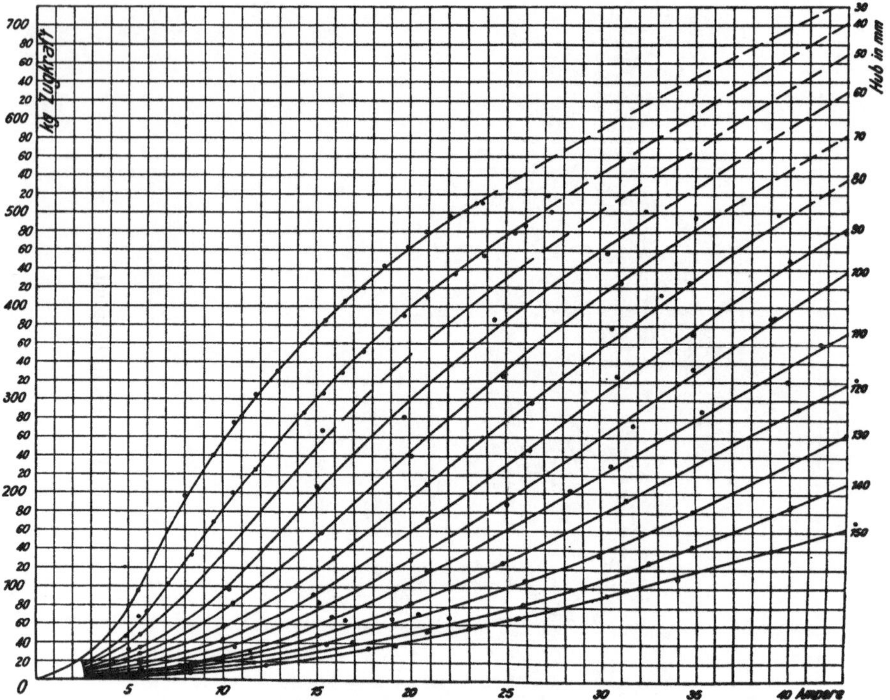

Fig. 17. Zugkraftkurven für verschiedene Hübe in Abhängigkeit vom Magnetisierungsstrom.

nehmender oder abnehmender Magnetisierung gemessen wurde, und zwar waren die abgelesenen Werte bei abnehmendem Kraftfluß immer größer, d. h. wenn vor der Ablesung entweder der Strom verringert oder der Magnetkern herausgezogen wurde. So beträchtliche Unterschiede in der Zugkraft konnten nicht dadurch entstehen, daß die eine Messung auf dem aufsteigenden, die andere auf dem absteigenden Ast der Magnetisierungskurve erfolgte, besonders auch deshalb nicht, weil die größten Unterschiede sich gerade bei starker Magnetisierung zeigten. Da auch die Reibung des Kernes bei stromlosem Magneten so gering war, daß die zur Überwindung erforderliche Kraft nicht an der Federwage abzulesen war, so konnte die Ursache nur ein bei der Magnetisierung auftretender starker seitlicher Zug sein, der den Kern so kräftig an den Führungszylinder preßte, daß die zur Überwindung der Reibung erforderliche Kraft ganz bedeutend wurde. Tatsächlich war die Wand des Magnetgehäuses innen nicht ausgedreht, so daß eine exzentrische Lage des Kernes zum Gehäuse wohl anzunehmen ist [1]).

Diese Schwierigkeit bei der Messung konnte nun, da die vermehrte Reibung die Ursache war, dadurch umgangen werden, daß der Magnet bei jeder Messung durch kräftige Hammerschläge erschüttert und gleichzeitig der Hub genau eingestellt wurde, die Abweichungen in den Zugkräften bei zu- und abnehmender Magnetisierung betrugen dann nur noch höchstens einige Kilogramm.

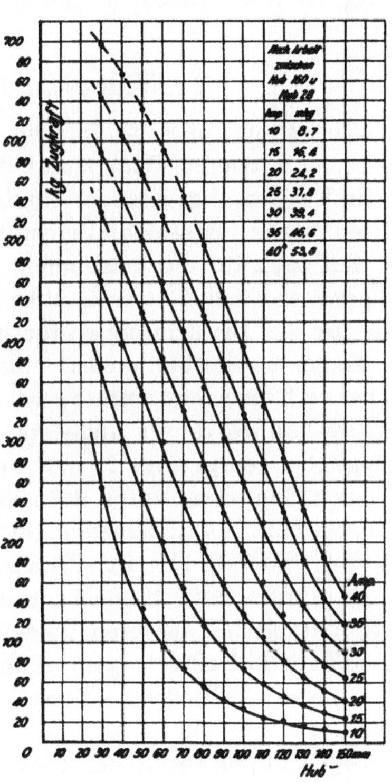

Fig. 18. Zugkraftkurven für verschiedene Magnetisierungsstromstärken in Abhängigkeit vom Hub.

Da nun die Aufnahmen zur Bestimmung der Kraftflüsse stets bei zunehmender Magnetisierung erfolgten, also auf dem aufsteigenden Ast der Magnetisierungskurve, so wurden die Zugkräfte ebenfalls hierbei gemessen und zwar in der Weise, daß der Magnetisierungsstrom zu jeder Ablesung von Null an mit Hilfe eines vorgeschalteten Regulierwiderstandes bis zu dem gewünschten Wert gesteigert wurde. Die so gemessenen Zugkräfte gelten also für dieselben magnetischen Verhältnisse wie die später ermittelten Kraftflüsse.

Die Zugkräfte sind in Fig. 17 in Abhängigkeit vom Strom graphisch aufgetragen. Die nicht gemessenen Werte über 500 kg sind nach den mir von den Siemens-Schuckert-Werken zur Verfügung gestellten Zugkraftkurven desselben Magneten verlängert. Hieraus ergeben sich

[1]) Es empfiehlt sich also, für eine möglichst genaue Zentrierung des Kernes zu sorgen, wenn man nicht unter Umständen eine bedeutend verminderte Zugkraft mit in Kauf nehmen will.

dann die Zugkräfte für verschiedene Stromstärken in Abhängigkeit vom Hub Fig. 18 und durch Planimetrieren findet man die mechanische Arbeit, die der Kern des Magneten bei einer bestimmten Stromstärke zwischen zwei Hüben leistet.

Da für die spätere Kontrolle der aufgenommenen Kraftflüsse die mechanischen Arbeiten zwischen den beiden Hüben 150 und 28 mm bei verschiedenen Stromstärken erforderlich waren, so sind diese Werte in Fig. 18 tabellarisch zusammengestellt.

2. Widerstand der Prüfspulen.

Wie schon auf Seite 19 besprochen, sollte für die Berechnung der EMK ein mittlerer Widerstand der Prüfspulen angenommen werden. Da die Erwärmungsversuche ergeben hatten, daß bei intermittierendem Betrieb Beharrungszustand eintrat, so konnte damit gerechnet werden, daß sich auch für die Prüfspulen eine Beharrungstemperatur einstellte. Übrigens war bei den endgültigen Kurvenaufnahmen eine gute Kontrolle für die Erwärmung dadurch vorhanden, daß die Stromstärke in der Magnetspule bei gleichbleibender Temperatur immer denselben Höchstwert erreichen mußte; war dies einmal ausnahmsweise nicht der Fall, so konnte durch Änderung der zugeführten Luftmenge die ursprüngliche Temperatur leicht wieder hergestellt werden. Es genügte also, den Magneten unter denselben Versuchsbedingungen, vor allem bei derselben Kühlluftmenge, auf Beharrungstemperatur zu bringen und die Widerstände der Prüfspulen zu messen.

Es wurden zwei Reihen von Messungen ausgeführt und die Mittelwerte hieraus den späteren Berechnungen zugrunde gelegt. Die Werte sind in Tabelle 1 eingetragen. Zum Messen wurde zum Teil die Thomson-Brücke, zum Teil das Universalgalvanometer von Siemens & Halske benutzt.

Die Temperaturen der einzelnen Prüfspulen sind natürlich verschieden, da sie infolge ihrer Lage verschieden erwärmt und auch nicht alle gleich gut gekühlt werden. Mit Hilfe der ebenfalls in Tabelle 1 angegebenen Widerstände der Prüfspulen bei 15° C lassen sich die Temperaturen an den einzelnen Stellen im Inneren des Magneten ohne weiteres berechnen. Die Rechnung ist hier nicht durchgeführt, weil sie kein Interesse für die Untersuchung hat.

3. Aufnahme der Kurven.

Zunächst war beabsichtigt, die Streu-Kraftflüsse für vier Stellungen des Kernes zu ermitteln; diese Absicht mußte jedoch mit Rücksicht auf die große Zahl der Prüfspulen und Aufnahmen (etwa 40 pro Hub)

Tabelle 1.

Widerstände der Prüfspulen samt Zuleitungen und Schalter.

Prüfspule Nr.	Warm bei Beharrungszustand 1. Messung Ω	2. Messung Ω	Mittel w_{p_m} Ω	bei 15° C $w_{p_{15}}$ Ω
1	1,265	1,25	1,258	1,057
2	1,36	1,33	1,345	1,051
3	1,385	1,325	1,355	1,049
4	1,385	1,31	1,348	1,048
5	1,39	1,31	1,350	1,059
6	1,39	1,31	1,350	1,081
7	1,38	1,31	1,345	1,109
8	1,30	1,255	1,278	1,127
9	0,80	0,79	0,795	0,739
10	0,803	0,792	0,798	0,743
11	0,795	0,783	0,789	0,735
12	0,784	0,77	0,777	0,729
13	0,773	0,758	0,766	0,725
14	0,764	0,752	0,758	0,722
15	0,753	0,742	0,748	0,718
16	0,302	0,295	0,299	0,279
17	0,47	0,462	0,466	0,440
18	0,315	0,31	0,313	0,291
19	0,472	0,467	0,470	0,440
20	0,645	0,637	0,641	0,604
21	0,787	0,779	0,783	0,743
22	0,781	0,775	0,778	0,744
23	0,784	0,778	0,781	0,751

und die zeitraubende Arbeit des Auswertens der vielen Papierstreifen fallen gelassen werden. Es konnten daher nur zwei Hübe (150 und 28 mm) vollständig und ein Hub (90 mm) zum Teil untersucht werden. Sämtliche Aufnahmen für einen Hub ließen sich übrigens, abgesehen von den Vorbereitungen, in einem halben Tage ausführen, für die weitere Auswertung eines einzigen Papierstreifens dagegen waren etwa vier Stunden erforderlich. [1])

Vor Beginn der Versuche war der Magnet 1—1½ Stunden belastet und gleichzeitig mittels Druckluft gekühlt worden, damit die Prüfspulen möglichst auf Beharrungstemperatur kamen.

Der zur Erzielung eines passenden Ausschlages am Millivoltmeter erforderliche Vorschaltwiderstand war bei den einzelnen Messungen sehr ver-

[1]) Bei der Auswertung der Papierstreifen bin ich von mehreren Studierenden in dankenswerter Weise unterstützt worden.

schieden und schwankte zwischen etwa 5—800 Ohm, einzelne Aufnahmen mußten auch ohne Vorschaltwiderstand ausgeführt werden; in solchen Fällen wurden der größeren Genauigkeit wegen die Prüfspulenwiderstände gemessen. Sowohl die Vorschaltwiderstände (w_v) als auch die besonders gemessenen Prüfspulenwiderstände (w_p) sind auf den weiter unten wiedergegebenen Kurven vermerkt, für diejenigen Aufnahmen, wo Angaben über Prüfspulenwiderstände fehlen, gelten die früher in Tabelle 1 mitgeteilten Werte. Die max. Magnetisierungsstromstärke betrug über 40 Amp.

Im allgemeinen wurden nicht, wie auf S. 8 besprochen, die Kraftflüsse der einzelnen Prüfspulen sondern der größeren Genauigkeit wegen

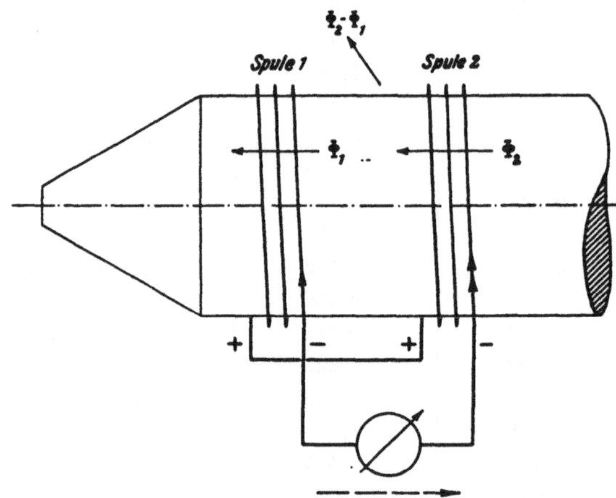

Fig. 19. Zur Messung des Streuflusses ($\Phi_2 - \Phi_1$) gegengeschaltete Prüfspulen.

die zwischen zwei Prüfspulen hindurchtretenden Streuflüsse direkt gemessen; nur wenn diese sehr klein waren, z. B. bei den Spulen Nr. 21, 22 und 23, oder wenn es sich um die Bestimmung der Kraftflüsse im Kern handelte; z. B. bei den Spulen Nr. 9, 11, 13, 15, 16 und 18, mußten die EMK-Kurven von Einzelspulen aufgenommen werden.

Die direkte Messung der Streuflüsse war durch ein einfaches Mittel, nämlich durch Gegenschaltung der in Frage kommenden Prüfspulen, möglich. Denkt man sich zwei benachbarte Prüfspulen von gleicher Windungszahl, Fig. 19, deren eine mit dem Kraftfluß Φ_1 und deren andere mit dem größeren Kraftfluß Φ_2 verkettet ist, gegengeschaltet, so wird bei einer Änderung des Kraftflusses die EMK der Spule 2 überwiegen, und es wird ein Strom entsprechend der Differenz der EMKK in Richtung des punktierten Pfeiles im Instrument fließen.

Da nun

$$\Phi_1 = \frac{1}{n} . 10^8 \int E_1 . dt \quad \text{und} \quad \Phi_2 = \frac{1}{n} . 10^8 \int E_2 . dt$$

ist, so wird die Differenz der Kraftflüsse, d. h. der Streufluß:

$$\Phi_2 - \Phi_1 = \frac{1}{n} \cdot 10^8 \int_e (E_2 - E_1) \cdot dt,$$

d. h. der Streufluß läßt sich durch Aufnahme der Differenz der EMKK bestimmen.

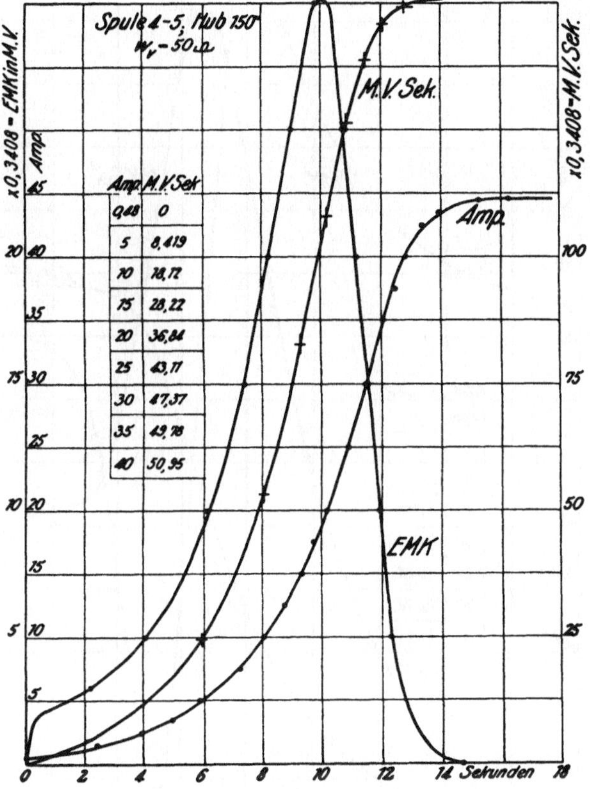

Fig. 20. Aufgenommene Strom- und EMK-Kurve zur Ermittlung des Streuflusses (in MV-Sek) zwischen Prüfspule 4 und 5 bei 150 mm Hub.

Die Richtung des Streuflusses, d. h. ob der Streufluß aus dem Eisen in die Luft tritt oder umgekehrt, ergibt sich ohne weiteres aus der beliebig angenommenen Richtung des Kraftflusses irgend einer Prüfspule und aus dem Vorzeichen der gemessenen Differenz. Wird z. B. der Kraftfluß der Spule 2 in Richtung des eingezeichneten Pfeiles angenommen, und ist die Differenz der EMKK der Spulen 2 und 1 positiv, also

$$\frac{1}{n} \cdot 10^8 \int_e (E_2 - E_1) \cdot dt = + (\Phi_2 - \Phi_1),$$

so ist der mit Spule 2 verkettete Kraftfluß Φ_2 der größere, und der Streufluß muß vom Eisen in die Luft übergehen Dies gilt für alle Prüfspulen, ganz gleichgültig, welche Lage sie zueinander haben, und in welchem Sinne sie gewickelt sind. Geht man daher von der angenommenen

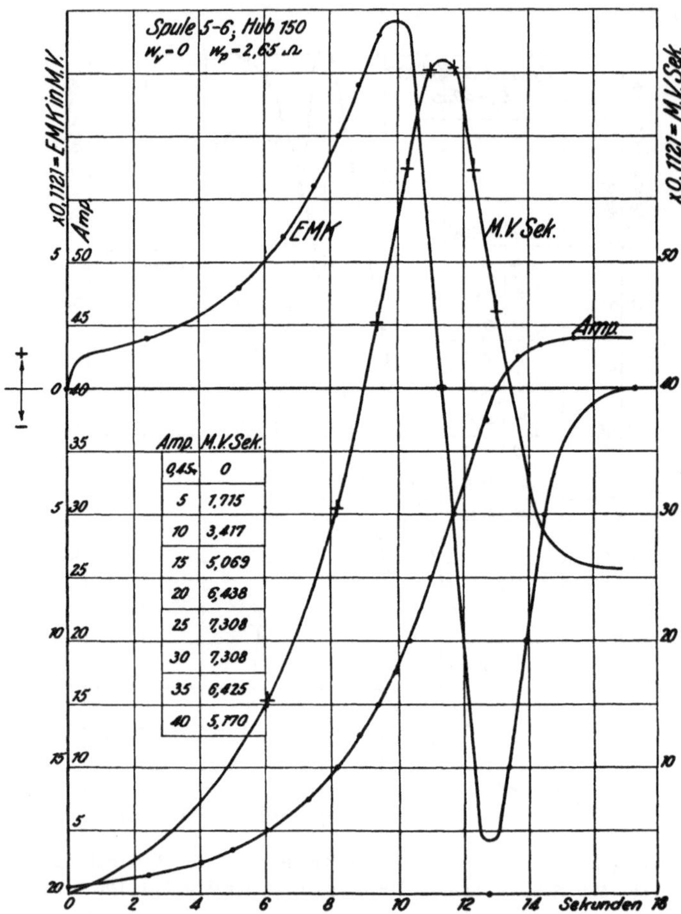

Amp.	M.V.Sek.
0,45	0
5	1,715
10	3,417
15	5,069
20	6,438
25	7,308
30	7,308
35	6,425
40	5,770

Fig. 21. Aufgenommene Strom- und EMK-Kurve zur Ermittlung des Streuflusses (in MV-Sek) zwischen Prüfspule 5 und 6 bei 150 mm Hub.

Richtung des Kraftflusses einer Prüfspule aus und betrachtet in dieser Weise der Reihe nach alle anderen, so ergeben sich die Richtungen sämtlicher gemessenen Streuflüsse. Es kommt daher nicht nur darauf an, den absoluten Wert der Streuflüsse zu kennen, sondern der Versuch muß auch feststellen, welches Vorzeichen die Streuflüsse haben bzw. welche der beiden gegengeschalteten Prüfspulen die größere EMK hatte.

also den größeren Kraftfluß umschloß. Um dies eindeutig festzulegen, ist bei den in Frage kommenden Aufnahmen die Nummer derjenigen Prüfspule, die mit dem größeren Kraftfluß verkettet ist, vorangesetzt, also der zugehörige Streufluß positiv. Ist z. B die Aufnahme Fig. 20 bezeichnet mit „Spule 4—5", und ist der ermittelte Streufluß bei einer bestimmten Stromstärke z. B. 51 × 4000, so bedeutet dies

$$\Phi_4 - \Phi_5 = +51 \times 4000$$

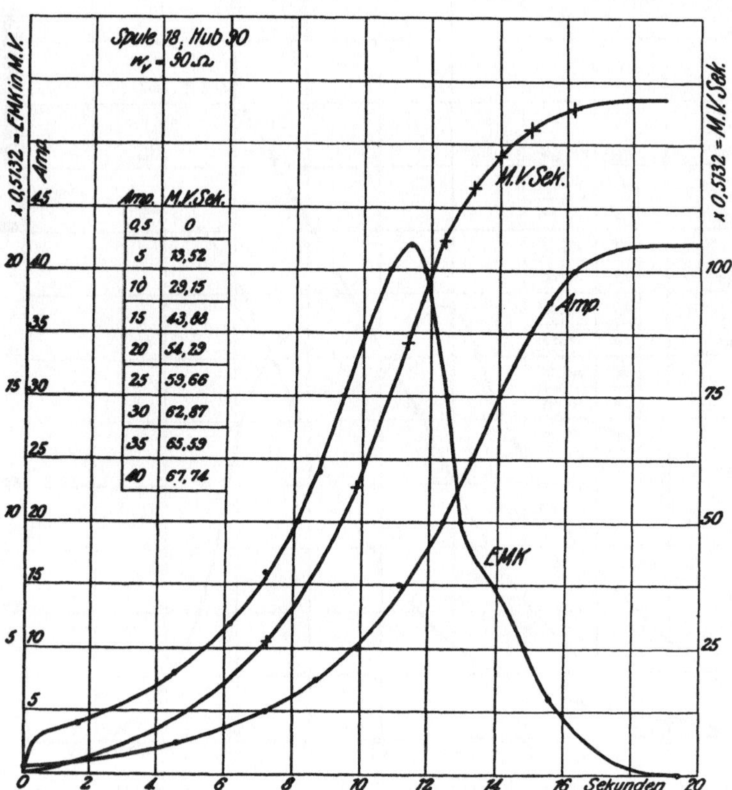

Fig. 22. Aufgenommene Strom- und EMK-Kurve zur Ermittlung des Kraftflusses (in MV-Sek) der Prüfspule 18 bei 90 mm Hub.

d. h. die Differenz der beiden Kraftflüsse $\Phi_4 - \Phi_5$ ist positiv, also der Kraftfluß der Spule Nr. 4 der größere.

Von den im ganzen 89 ausgewerteten Kurven sind hier in den Fig. 20 bis 27 nur 8 charakteristische wiedergegeben.

Zu den Aufnahmen ist noch folgendes zu bemerken.

Im allgemeinen war der Verlauf der EMK-Kurven ähnlich dem in Fig. 3 abgebildeten. Es zeigte sich aber, daß der Zeiger des Millivoltmeters beim

Schließen des Erregerstromkreises, also beim Beginn des Versuchs, fast stets einen Ausschlag von mehr oder weniger Teilstrichen gab und dann erst allmählich zu steigen begann. Der Grund lag in der Versuchsanordnung. Infolge des remanenten Magnetismus des Generators ist an den Klemmen der Maschine dauernd eine kleine Spannung vorhanden. Schließt man die Erregung der Maschine, so steigt der Erregerstrom infolge der Selbst-

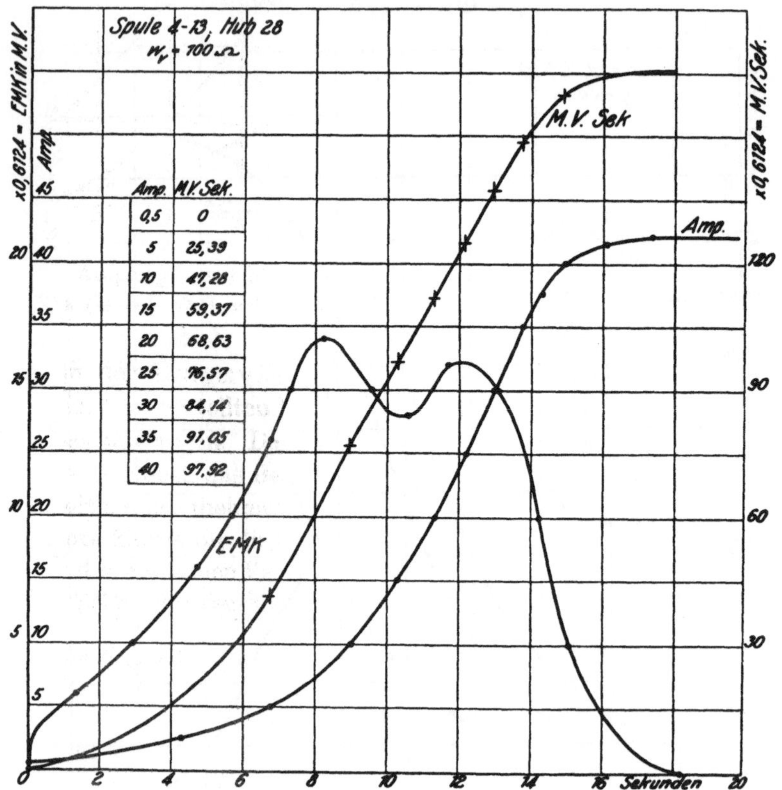

Fig. 23. Aufgenommene Strom- und EMK-Kurve zur Ermittlung des Streuflusses (in MV-Sek) zwischen Prüfspule 4 und 13 bei 28 mm Hub.

induktion der Erregerwicklung allmählich nach einer Kurve ähnlich der in Fig. 1 dargestellten I-Kurve an, gleichzeitig beginnt die Maschine sich selbst zu erregen. Der Erregerstrom hat also im Moment des Einschaltens zunächst das Bestreben, nach einer nach oben gekrümmten Kurve zeitlich zuzunehmen und dann erst allmählich in die nach unten gekrümmte Kurve für die Selbsterregung überzugehen. Das gleiche gilt auch für den zeitlichen Verlauf des Kraftflusses der Maschine, also auch für ihre EMK und den äußeren Strom, mithin auch für den Kraftfluß des Magneten. Da nun im allgemeinen die Differenz EMK benachbarter Prüfspulen aufgenommen wurde, also die EMK von Prüfspulen, die im wesentlichen mit demselben Hauptkraftfluß verkettet sind, so muß gegenüber den Aufnahmen von Einzelspulen die eben besprochene Erscheinung um so mehr verschwinden, also der erste Zeigerausschlag um so kleiner

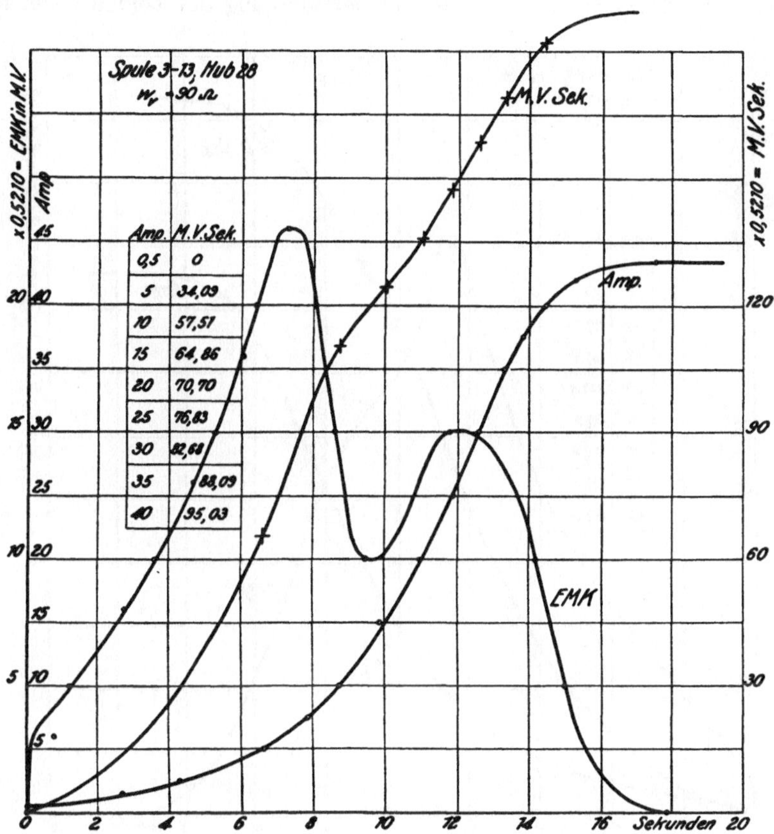

Fig. 24. Aufgenommene Strom- und EMK-Kurve zur Ermittlung des Streuflusses (in MV-Sek) zwischen Prüfspule 3 und 13 bei 28 mm Hub.

sein, je proportionaler der Streufluß mit dem Strom wächst. Dies ist durch die Versuche bestätigt worden. Natürlich ist auch die Größe des Vorschaltwiderstandes im Prüfspulenstromkreis von Einfluß.

Dieser erste Anstieg der EMK-Kurve läßt sich wegen der Schnelligkeit des Vorganges nicht aufnehmen, beim Aufzeichnen der Kurven mußte daher nach Gutdünken der erste gemessene Punkt mit dem Koordinaten-Anfang verbunden werden. Der hierdurch bedingte Fehler ist namentlich bei größeren Stromstärken verschwindend klein.

Ferner zeigte sich bei einzelnen Messungen, daß die Differenz der EMKK zweier Prüfspulen nicht immer in demselben Sinne wirksam war, daß das Millivoltmeter also während der Aufnahmen positive und negative Ausschläge gab, also der Streufluß im Anfang zu- und nachher wieder abnahm. Dieser Fall kam bei Hub 150 einmal und bei Hub 28 öfter vor und zwar bei Hub 150 bei der Messung der beiden gegenge-

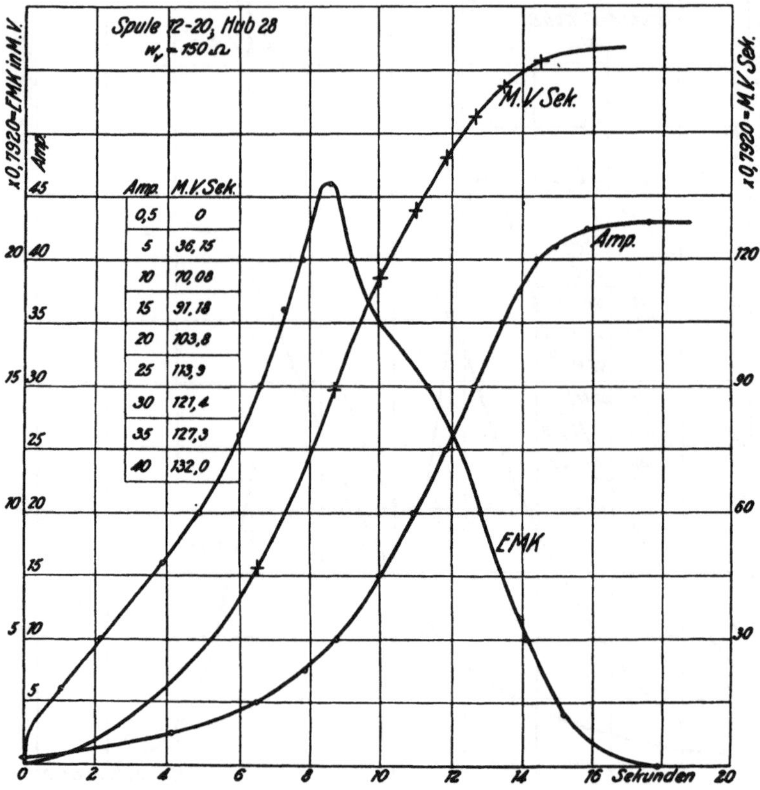

Fig. 25. Aufgenommene Strom- und EMK-Kurve zur Ermittlung des Streuflusses (in MV-Sek) zwischen Prüfspule 12 und 20 bei 28 mm Hub.

schalteten Spulen Nr. 5 und 6 (vgl. Fig. 21). Diese beiden Spulen lagen, wie sich später beim Aufzeichnen des Kraftlinienbildes Fig. 55 herausstellte, an einer Stelle, wo sich ein- und austretende Kraftlinien an der Gehäusewand trafen; zwischen den Spulen ist also gewissermaßen eine neutrale Zone. Da mit zunehmendem Strome der gemessene Kraftfluß, der hier nicht mit der absoluten Zahl der Kraftlinien identisch ist, nur im Anfang wächst und später wieder abnimmt, so verschiebt sich die neutrale Zone, die vorher in der Nähe der einen Spule lag, mit zunehmendem Strom mehr nach der Mitte, und die Kraftlinien wandern an der Eisenoberfläche entlang, so daß also für verschiedene Ströme auch verschiedene Kraftlinienbilder entstehen. In diesem einen Falle wurden die beiden Kurvenäste getrennt aufgenommen, die eine Aufnahme für den positiven Ausschlag des Millivoltmeters, die andere, durch Umschalten der Zuleitungen zum Instrument, für den negativen Teil; beide Aufnahmen wurden dann später bei der Auswertung vereinigt.

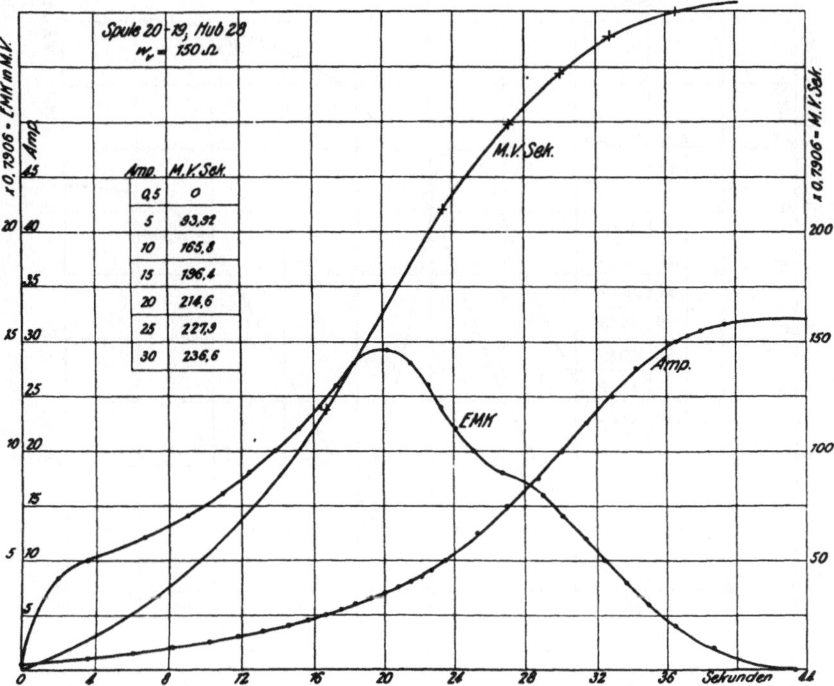

Fig. 26. Aufgenommene Strom- und EMK-Kurve zur Ermittlung des Streuflusses (in MV-Sek) zwischen Prüfspule 20 und 19 bei 28 mm Hub. (Langsame Magnetisierung.)

Ganz Ähnliches trat bei Hub 28 ein, wenn je zwei den Kern umschließende oder zwei auf der Außenfläche der Magnetisierungsspule nebeneinander liegende Prüfspulen gegeneinander geschaltet wurden. Die Umständlichkeit, für jedes dieser Spulenpaare zwei getrennte Aufnahmen ausführen zu müssen, konnte jedoch dadurch umgangen werden, daß die Spulen anders miteinander kombiniert wurden. Es wurde je eine auf der Magnetspule liegende Prüfspule mit einer auf dem Kern liegenden Prüfspule verbunden. Statt also die Differenz EMK z. B. der Prüfspulen 2 und 3 bzw. 14 und 15 (vgl. Fig. 5) zu messen, wurde nur die EMK-Kurve der gegengeschalteten Spulen 2 und 14 bzw. 3 und 15 aufgenommen. Dadurch ist wohl die Aufnahme zweier Kurven für je ein Spulenpaar vermieden, aber die Aufnahme der einen neuen Kurve ist schwieriger, weil sie einen sattelförmigen Verlauf hat; denn wenn sowohl die EMK-Kurven der gegengeschalteten Spulen 2 und 15 und ebenso der Spulen 3 und 14 einen normalen Verlauf haben, diejenigen der gegengeschalteten Spulen 2

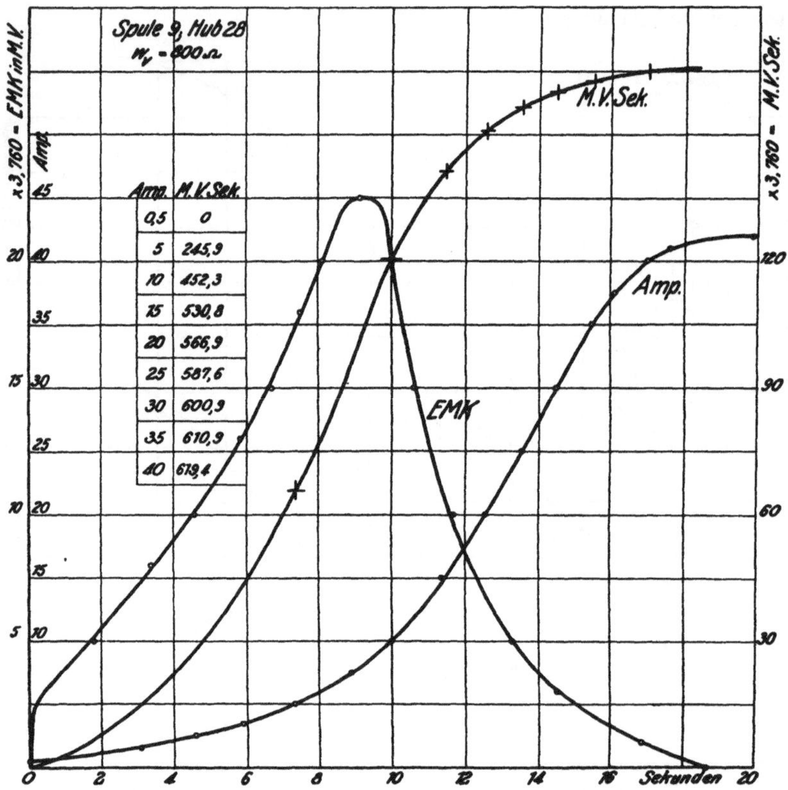

Fig. 27. **Aufgenommene Strom- und EMK-Kurve zur Ermittlung des Kraftflusses der Prüfspule 9 bei 28 mm Hub.**

und 3 bzw. 14 und 15 jedoch EMK-Kurven mit positiven und negativen Werten sind, so muß, wie leicht einzusehen ist, die EMK-Kurve der über Kreuz geschalteten Spulen 2 und 14 bzw. 3 und 15 eine Sattelkurve ergeben (vergl. z. B. Fig. 23 und 24).

Die Erklärung für die Entstehung der eben besprochenen charakteristischen Formen der EMK-Kurven ergibt folgende Überlegung. Da die mit den beiden gegengeschalteten Prüfspulen verketteten Kraftflüsse Φ_1 und Φ_2, getrennt betrachtet, verschiedene magnetische Leitfähigkeit besitzen, so werden sich auch magnetische Charakteristiken von verschiedener Form ergeben. Die Differenz der Momentanwerte beider Charakteristiken, das ist der gemessene Streufluß Φ_2—Φ_1, ergibt dann eine Kurve, die je nach der Form der beiden ursprünglichen Charakteristiken und der Lage des Knies verschiedenen Verlauf hat. Aus der Fig. 28 wird dies ohne weiteres klar. Die magnetische Charakteristik des Streuflusses kann also einen ähnlichen Verlauf wie eine gewöhnliche

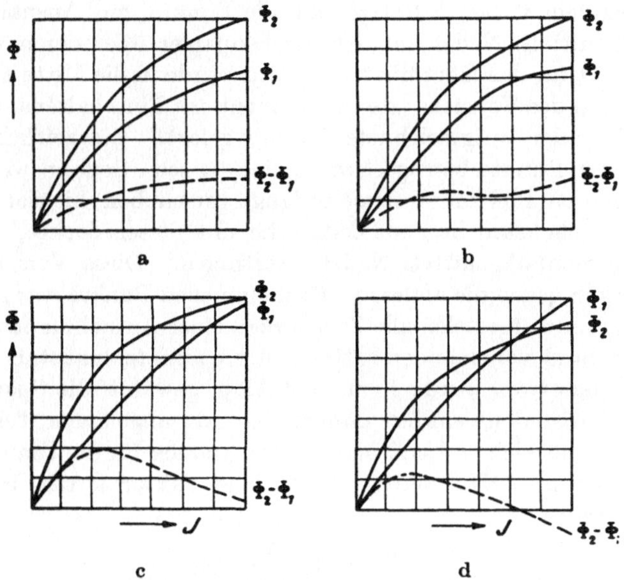

Fig. 28. Die aus den Kraftflüssen Φ_1 und Φ_2 sich ergebenden verschiedenen Charakteristiken der Streuflüsse ($\Phi_2 - \Phi_1$).

Charakteristik haben, Fig. 28 a, entsprechend einem normalen Verlauf der EMK-Kurve, sie kann eine sattelförmige Ausbuchtung aufweisen, Fig. 28b, entsprechend einer tief eingeschnittenen EMK-Kurve, oder schließlich zuerst steigen und nachher fallen, Fig. 28c und d, und zwar mit nur positiven Werten, Fig. 28c, oder auch gleichzeitig positiven und negativen Werten, Fig. 28d. Diesen beiden letzten magnetischen Charakteristiken müssen EMK-Kurven entsprechen, die anfangs positive und am Ende negative Werte besitzen, d. h. der Strom im Prüfspulenstromkreis kehrt sich während der Aufnahme um.

Auf andere nicht so wesentliche Abweichungen der EMK-Kurven soll hier nicht näher eingegangen werden.

4. Auswertung der Papierstreifen.

Mit Rücksicht auf die große Zahl der Papierstreifen mußte für die graphische Auswertung derselben ein möglichst einfaches, aber genaues Verfahren in Anwendung kommen.

Es stellte sich als zweckmäßig heraus, die auf den Papierstreifen aufgezeichneten Marken unmittelbar auf Zeichenpapier [1]) zu übertragen, und zwar in der Weise, daß der Streifen parallel zu einer vorher gezogenen Abszisse auf dem Papier befestigt und alle Punkte, mit Ausnahme der Zeitmarken mittels Nadel auf das Zeichenpapier übertragen wurden. Der Nullpunkt für das Koordinaten-System wurde in die Mitte zwischen zwei zu Beginn des Versuchs, also im Moment des Einschaltens, von den beiden Ablesenden aufgezeichnete Punkte gelegt. Die zeitliche Entfernung beider Punkte betrug etwa $^1/_{10}$ bis $^1/_5$ sec. Sodann wurde der Papierstreifen parallel zur Abszisse so lange verschoben, bis sich die der Ordinate am nächsten liegende Zeitmarke mit dieser deckte, und die Zeitmarken ebenfalls mittels Nadel übertragen. Diese Verschiebung der Zeitmarken gegen die anderen aufgenommenen Punkte war zulässig, weil, wie vorher festgestellt, alle Zeitmarken einer Aufnahme fast genau gleichen Abstand voneinander hatten. Als Ordinatenmaßstab für den Magnetisierungsstrom wurde 1 cm = 2 Amp. gewählt, die Spannungswerte der Prüfspulen wurden unmittelbar als abgelesene Teilstriche in cm, also 1 Teilstrich = 1 cm, aufgetragen und der für die Umrechnung der Teilstriche in EMK-Werte erforderliche Faktor k mit Hilfe der früheren Formel:

$$E = E_p \frac{W}{w_J}$$

für jede Aufnahme berechnet und bei dem Ordinatenmaßstab der EMK eingetragen. Da alle EMK-Kurven mit dem kleinen Meßbereich des Millivoltmeters, 150 Teilstriche = 15 Millivolt, aufgenommen sind, also ein Teilstrich = 0,1 Millivolt ist, so wird die EMK:

$$E = \frac{\text{Teilstriche}}{10} \frac{W}{w_J} = \text{Teilstriche} \times k,$$

wenn der Umrechnungsfaktor

$$k = \frac{1}{10} \frac{W}{w_J} \quad \text{ist.}$$

Die weiter erforderliche Ermittlung der von der EMK-Kurve und den entsprechenden Abszissen eingeschlossenen Flächen geschah nun in der

[1]) Millimeterpapier konnte hier wegen der Ungenauigkeit und wegen einer erforderlichen umständlichen Umrechnung der Zeitpunkte nicht in Betracht kommen.

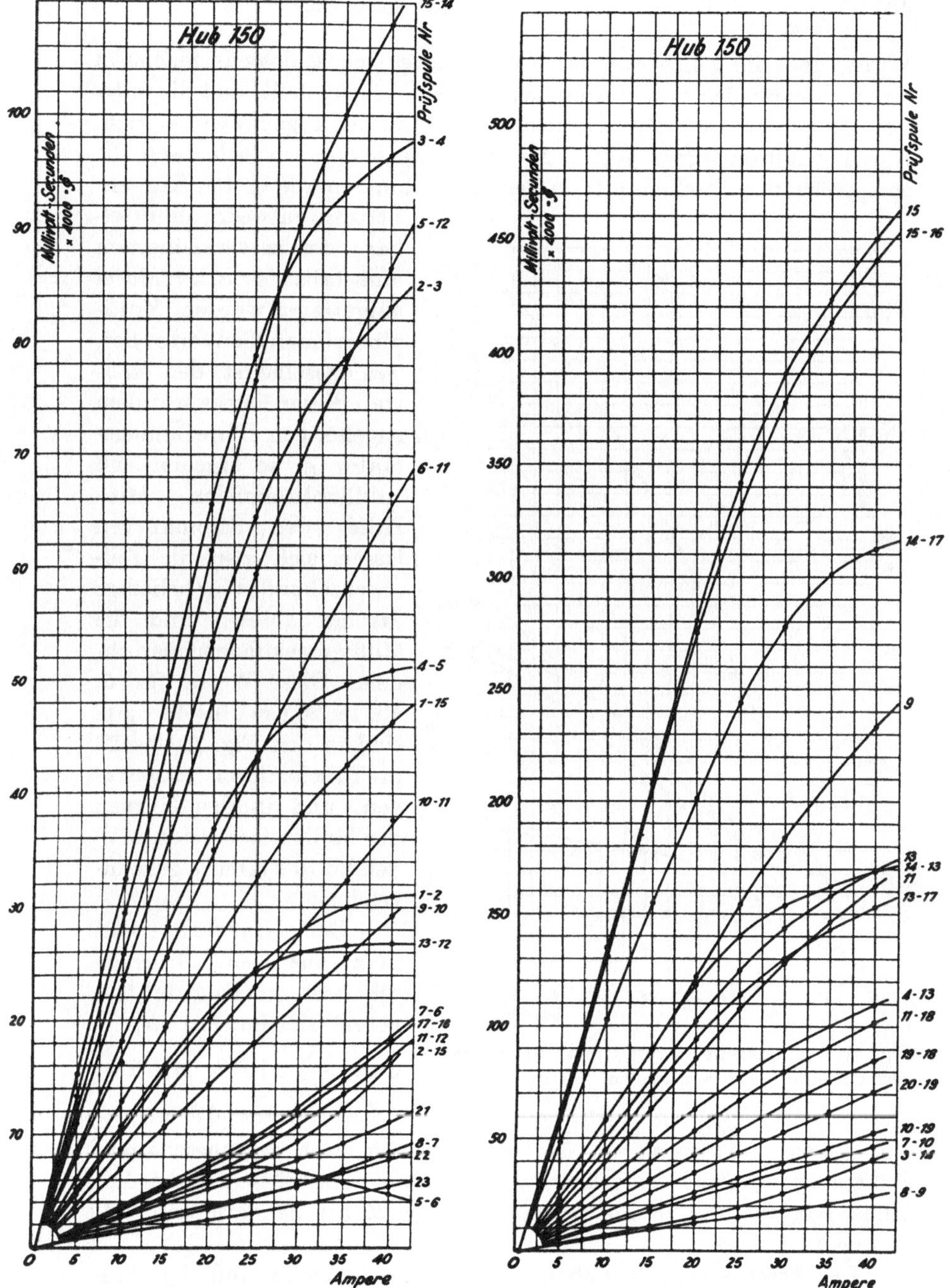

Fig. 29. Fig. 30.

Gemessene Kraft- bzw. Streuflüsse der einzelnen Prüfspulen bei 150 mm Hub.

Weise, daß die ganze von der EMK-Kurve eingeschlossene Fläche in senkrechte Streifen von je einer Sekunde Breite eingeteilt, und die mittleren Höhen bis zur EMK-Kurve mit dem Maßstab abgemessen wurden. Durch Addition dieser Werte der Reihe nach ergeben sich dann die entsprechenden Flächenwerte in Teilstrichsekunden, die in den Kurvenblättern entweder unmittelbar oder in verkleinertem Maßstabe in Kurvenform aufgetragen wurden. Multipliziert man die Werte oder, was dasselbe ist, den Maßstab dieser Kurve mit dem zugehörigen Umrechnungsfaktor k, so ergeben sich Millivoltsekunden. Mit Hilfe der Stromkurven lassen sich also die Teilstrichsekunden für beliebige Ströme ablesen und die Millivoltsekunden berechnen. Diese Werte für 5, 10, 15, 20 usw. bis 40 Amp. sind in den Fig. 20 bis 27 in Tabellenform eingetragen, und in den Kurven der Millivoltsekunden (MV-Sek.) durch Kreuze gekennzeichnet.

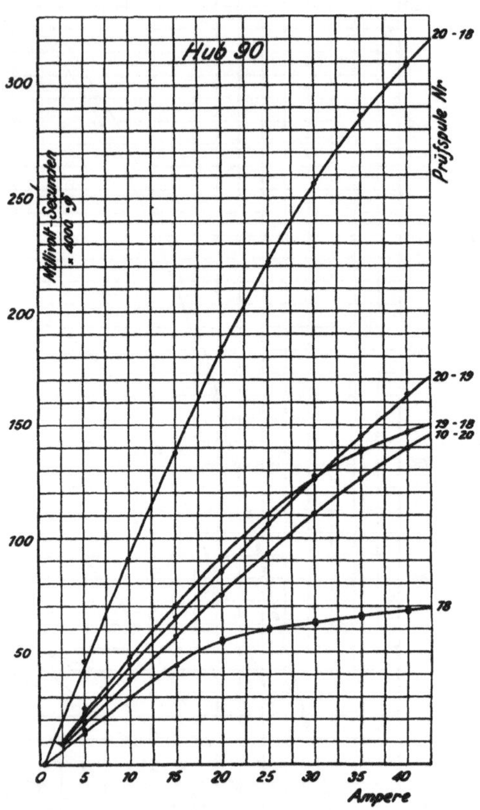

Fig. 31. Gemessene Kraft- bzw. Streuflüsse der einzelnen Prüfspulen bei 90 mm Hub.

Den Kraftfluß erhält man aus den Millivoltsekunden mit Hilfe der früheren Gleichungen zu:

$$\Phi = \frac{1}{25} \cdot 10^5 \times \text{MV-Sek.}$$
$$= 4000 \times \text{MV-Sek,}$$

gleichgültig, ob es sich um eine einzelne oder zwei gegengeschaltete Prüfspulen handelt. Sämtliche so ermittelten Kraftflüsse für die drei Hübe 150, 90 und 28 mm sind in den Fig. 29 bis 33 graphisch aufgetragen.

Das beschriebene Verfahren des Kurvenzeichnens und der Auswertung hat den Vorzug, einmal, da die aufgenommenen Papierstreifen unmittelbar benutzt werden, daß dadurch ein Irrtum beim Übertragen der Marken so gut wie ausgeschlossen ist, und zweitens, daß die weitere

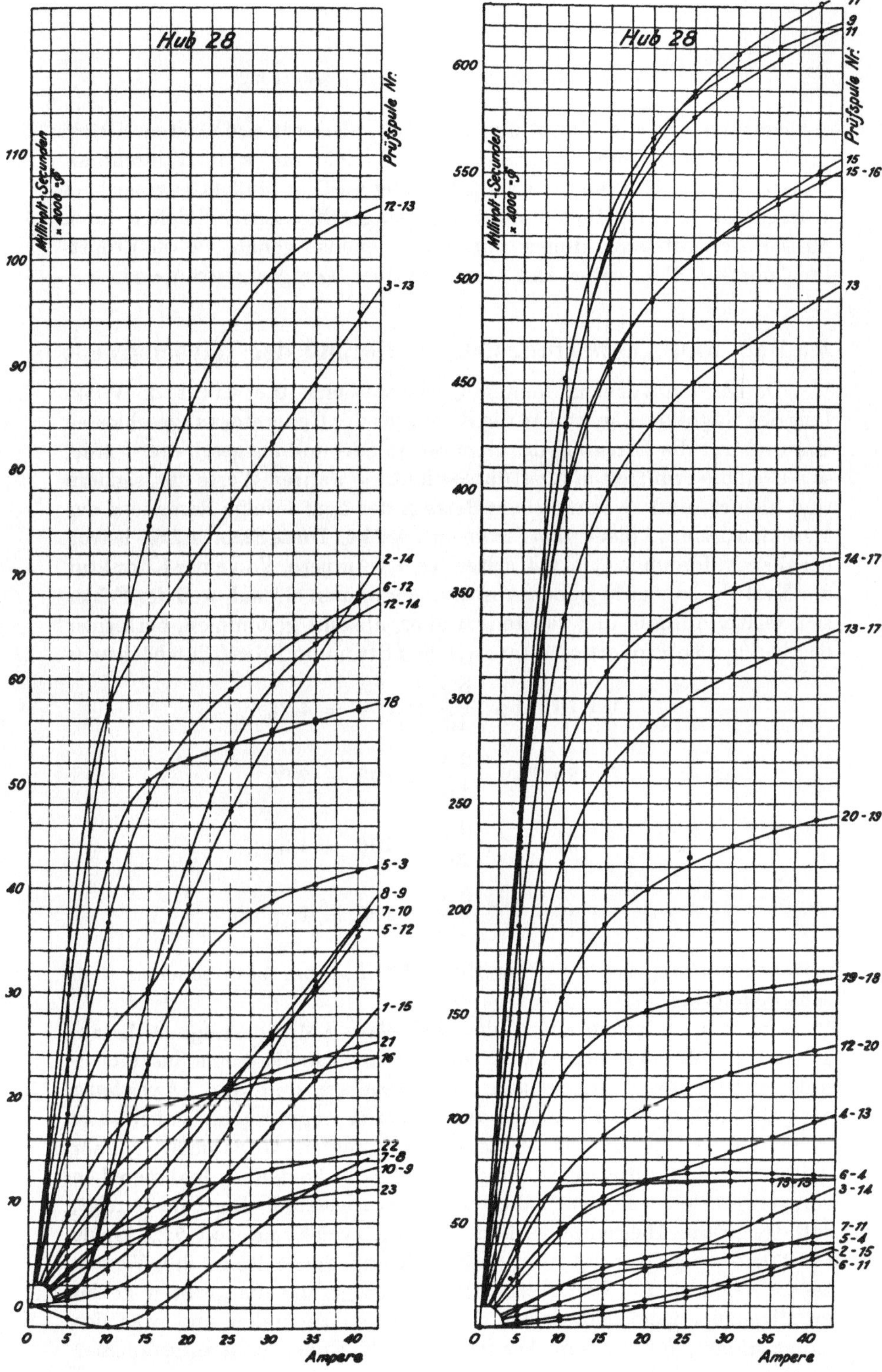

Fig. 32. Fig. 33.

Gemessene Kraft- bzw. Streuflüsse der einzelnen Prüfspulen bei 28 mm Hub.

Auswertung nur mit Linieal und Maßstab, also mit einfachsten Mitteln erfolgt und daher eine Kontrolle jederzeit leicht und schnell durchführbar ist. Da die Kurven in verhältnismäßig großem Maßstabe gezeichnet wurden, so ist die Bestimmung der eingeschlossenen Flächen durch Messen der mittleren Höhen mindestens ebenso genau wie die Ermittlung mittels Planimeter und trotzdem viel weniger zeitraubend.

5. Meß- und Auswertungsfehler, Einfluß der Wirbelströme.

Da bei den Kurvenaufnahmen, wie auf Seite 10 erwähnt, die Wicklung des Magneten dauernd an die Klemmen des Generators angeschlossen war und nur die Erregung des Generators ein- und ausgeschaltet wurde, so stellen die ermittelten Kraftflüsse nicht die wahren Werte dar, sondern sind kleiner, und zwar um einen Betrag, der dem infolge Remanenz der Maschine dauernd fließenden Strom entspricht. Diese Stromstärke betrug bei allen Aufnahmen etwa 0,4, selten bis 0,5 Ampere. Von einer Korrektur der Kraftflüsse wurde jedoch Abstand genommen einmal, weil der Fehler sich relativ aufhob, und zweitens weil er, absolut genommen, bei kleiner Sättigung, also Proportionalität zwischen Strom und Kraftfluß höchstens

$$\text{bei 10 Amp}: \frac{0,4}{10} \times 100 = 4\,\%$$

$$\text{- 20 - }: \frac{0,4}{20} \times 100 = 2\,\%$$

$$\text{- 30 - }: \frac{0,4}{30} \times 100 = 1,3\,\%$$

$$\text{- 40 - }: \frac{0,4}{40} \times 100 = 1\,\%$$

betragen konnte, also etwa innerhalb der nachher besprochenen Meßgenauigkeit lag.

Um sich weiter ein Urteil über die relative Meßgenauigkeit der angewendeten Methode bilden zu können, ist in Tabelle 2 eine Zusammenstellung von Doppelmessungen wiedergegeben und die Abweichung der größten Werte in Prozenten der kleinsten eingetragen. Dabei ist zu bemerken, daß die mit Nr. 39 bis 43 bezeichneten Aufnahmen $^1/_2$ Jahr später wie die übrigen ausgeführt und die beiden Aufnahmereihen von verschiedenen Personen ausgewertet worden sind. Die Tabelle zeigt, daß die größte überhaupt vorkommende Abweichung etwa 5 % (Spule 12—20; 5 Amp.) beträgt, daß aber auch eine ganze Reihe von Werten genau gleich sind. Ferner ergibt sich, daß gerade die größten Fehler im allgemeinen bei den kleinen Stromstärken zu finden sind, was sich damit erklärt, daß der erste Anstieg der EMK-Kurve nicht aufgenommen

Tabelle 2.

Kontrolle für die Meß- und Auswertungsfehler.
Hub 28. (Werte in MV-Sek.)

Ampere	Spule 12—20.		Abweichung in %
	Aufnahme Nr. 21	Aufnahme Nr. 39	
5	36,8	38,6	4,9
10	70,1	71,1	1,4
15	91,2	91,8	0,66
20	104	104	0
25	114	114	0
30	121	121	0
35	127	128	0,79
40	132	133	0,76

Ampere	Spule 20—19		Abweichung in %
	Aufnahme Nr. 22	Aufnahme Nr. 40	
5	86,5	89,9	3,9
10	157	163	3,8
15	192	196	2,1
20	209	212	1,4
25	225	223	0,89
30	230	231	0,44
35	237	239	0,85
40	243	245	0,83

Ampere	Spule 19—18		Abweichung in %
	Aufnahme Nr. 23	Aufnahme Nr. 41	
5	66,4	66,0	0,61
10	119	120	0,84
15	142	147	3,5
20	151	156	3,3
25	157	161	2,5
30	160	165	3,1
35	163	167	2,5
40	166	170	2,4

Ampere	Spule 18			Größte Abweichung in %
	Aufnahme Nr. 24a	Aufnahme Nr. 24b	Aufnahme Nr. 42	
5	23,7	24,0	24,2	2,1
0	42,7	42,6	43,6	2,4
15	50,6	50,1	51,7	1,2
20	52,5	52,4	54,0	3,1
25	53,7	53,8	54,9	2,1
30	55,2	54,9	55,9	1,8
35	56,2	55,9	56,7	1,4
40	57,3	57,1	57,6	0,88

werden konnte und der Fehler beim Zeichnen des Kurvenanfangs bei den kleinen Flächen einen viel größeren Einfluß wie bei den zu großen Stromstärken gehörigen großen Flächen ausüben muß. Da nun die kleinsten Werte bei 5 Amp. nicht weiter benutzt werden, so kann man sie außer acht lassen und annehmen, daß die relativen Meß- und Auswertungsfehler etwa bis zu 4 % betragen (vgl. auch Fig. 42 und 43).

Tabelle 3.

Einfluß der Wirbelströme.

Hub 28; Spule 20—19. (Werte in MV-Sek.)

Amp.	Schnelle Magnetisierung $t_{30A} \cong$ 13 sec			Langsame Magnetisierung $t_{30A} \cong$ 36 sec			Abweichung in %
	Aufnahme		Mittel aus	Aufnahme		Mittel aus	
	Nr. 22	Nr. 40	Nr. 22 u. 40	Nr. 40a	Nr. 40b*)	Nr. 40a u. 40b	
5	86,5	89,9	88,2	94,5	94	94,25	— 6,43
10	157	163	160	165	166	165,5	— 3,33
15	192	196	194	196	196	196	— 1,02
20	209	212	210,5	215	215	215	— 2,09
25	225	223	224	228	228	228	— 1,75
30	230	231	230,5	238	237	237,5	— 2,95

*) s. Fig. 26.

Über den Einfluß der Wirbelströme gibt dann noch die Zusammenstellung Tabelle 3 Aufschluß. In dieser Tabelle sind zwei Aufnahmereihen miteinander verglichen, eine für die normale bei sämtlichen Versuchen angewendete Magnetisierungsdauer von etwa 13 Sek. bei 30 Amp. hier als schnelle Magnetisierung bezeichnet, und eine zweite besonders zu diesem Zweck aufgenommene Serie für bedeutend verlangsamte Magnetisierung und etwa dreimal größerer Magnetisierungsdauer. Vergleicht man die Mittelwerte beider Serien, so ergeben sich die eingetragnen Abweichungen in Prozenten der bei langsamer Magnetisierung gefundenen Werte. Bei schneller Magnetisierung sind also, wie die Tabelle zeigt, die ermittelten Kraftflüsse durchweg kleiner, und zwar, abgesehen von den ersten Werten für 5 Ampere, bis zu 3,5 %, es könnte also so scheinen, als ob die Wirbelströme das Meßresultat beeinflussen. Ob dieser Unterschied aber tatsächlich dem Einfluß der Wirbelströme zuzuschreiben ist, ist mit Rücksicht darauf, daß der relative Fehler schon 4 % betragen kann, noch sehr fraglich, trotzdem die Abweichung immer nach derselben Seite besteht.

Bezüglich der durch den Prüfspulenstrom entstehenden Gegen-AW. ist folgendes zu bemerken. Die maximale Klemmenspannung am Instrument betrug etwa 3,5 Millivolt, also der Strom 3,5 : 22 = 0,16 Milliampere. Da bei jeder Messung höchstens zwei Prüfspulen von je 25 Windungen gleichzeitig eingeschaltet waren, und der Maximalwert der induzierten Spannung bei einer Magnetisierungsstromstärke von 5 bis 10 Ampere eintrat, so wirkten den 5 × 1088 = 5440 Erreger-AW. im ungünstigsten Falle 2 × 25 × 0,00016 = 0,008 AW. entgegen, also ein verschwindend kleiner Betrag.

IV. Versuchsergebnisse und Folgerungen.

1. Die Kraftlinienverteilung bei Hub 150 und Hub 28.

Mit Hilfe der auf Seite 35 besprochenen Methode ist dann weiter. von einer einzeln gemessenen Spule auf dem Kern ausgehend, die Richtung und der Verlauf der Kraftlinien im Inneren des Magneten festgestellt worden, und zwar für die Stromstärken 10, 20, 30 und 40 Ampere. Der Einfachheit halber ist nicht mit Kraftflüssen in CGS-Einheiten, sondern mit den von den Kurvenaufnahmen her bekannten Millivoltsekunden gerechnet. Die erhaltenen Kraftröhren sind dann dem Verlauf nach in die Zeichnung des Magneten eingetragen, und die Zahl der Kraftlinien in MV-Sekunden in die einzelnen Röhren eingeschrieben worden. Multipliziert man daher die eingeschriebenen Zahlen mit 4000, so ergeben sich nach dem früheren die Kraftflüsse in CGS-Einheiten. In den Fig. 34 bis 41 sind diese Kraftröhrenbilder wiedergegeben, sie sind so zu verstehen, daß zwischen je zwei eingezeichneten Kraftlinien eine Kraftröhre liegt, die sich um den ganzen Umfang erstreckt und die Zahl der eingeschriebenen Kraftlinien enthält.

Natürlich konnten die durch die Versuche ermittelten und mit Fehlern behafteten Kraftflüsse die Bedingung nicht erfüllen, daß im Inneren des Magneten die Summe aller aus dem Eisen aus- und eintretenden Kraftlinien gleich Null ist. Die sich ergebenden Kraftlinienzahlen der einzelnen Röhren mußten daher eine Korrektur erfahren, und zwar so, daß die prozentualen Abweichungen der durch Probieren ermittelten korrigierten Kraftflüsse von den gemessenen möglichst ein Minimum wurden. In den Fig. 42 und 43 sind diese prozentualen Abweichungen für die beiden Hübe 150 und 28 graphisch aufgetragen; sie stellen natürlich keine absoluten, sondern nur relative Fehler dar und bestätigen mit einer einzigen Ausnahme (Hub 150 Spule 10—19; 10 Amp.) das auf Seite 48 über relative Fehler Gesagte.

In diesen Kraftröhrenbildern ist der weitere Verlauf der Kraftnien im Eisen nur bei Hub 28 an einigen Stellen angedeutet, weil er hier besonders eigenartig ist; man findet aber die Fortsetzung der gezeichneten Kraftröhren im Eisen leicht, wenn man berücksichtigt, daß Kraftlinien sich weder schneiden, noch in entgegengesetzter Richtung

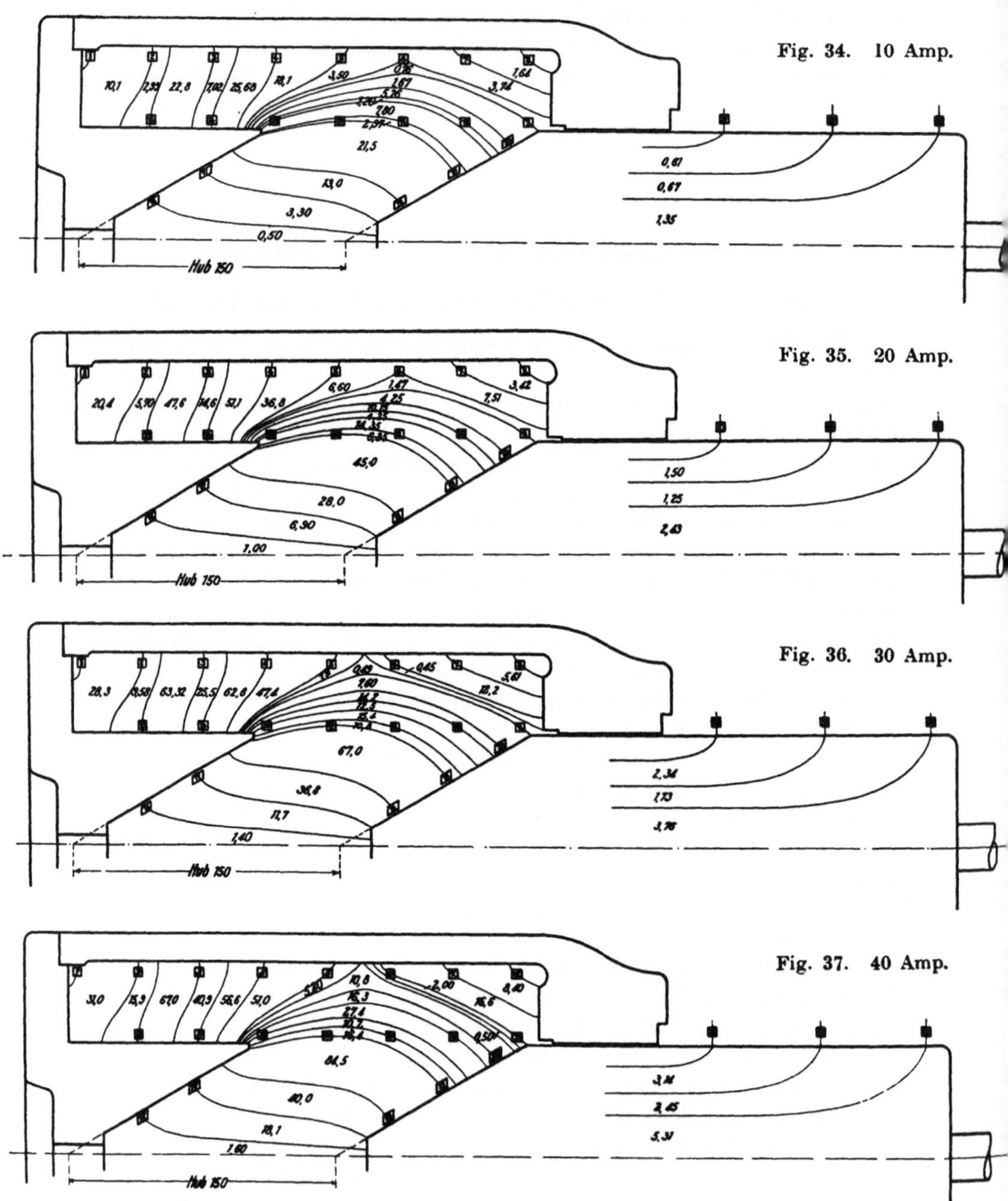

Fig. 34 bis 37. **Kraftlinienverteilung bei 150 mm Hub. Eingeschriebene Zahlen (in MV-Sek) $\times$ 4000 = Φ in cgs.**

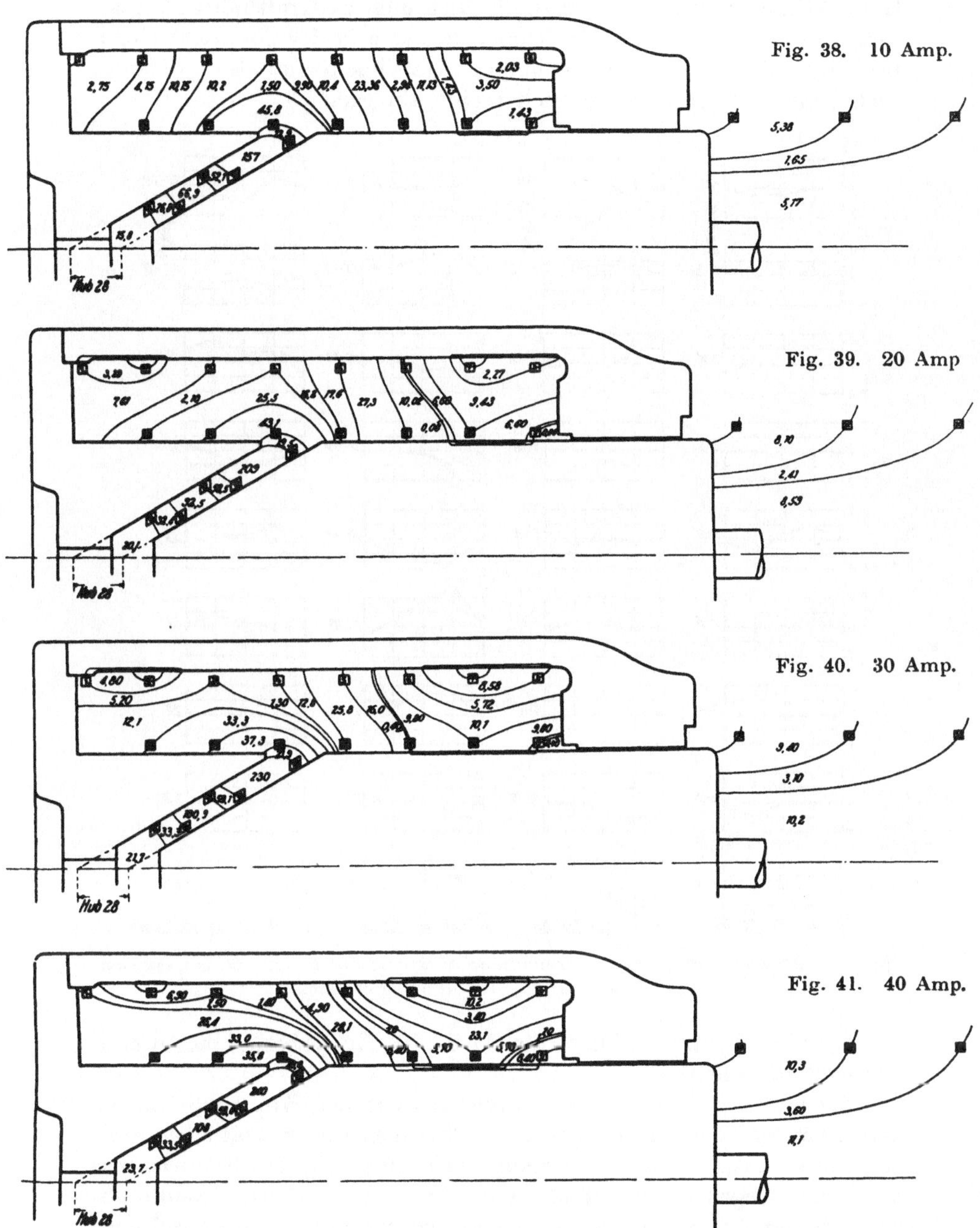

Fig. 38 bis 41. Kraftlinienverteilung bei 28 mm Hub. Eingeschriebene Zahlen (in MV-Sek) × 4000 = Φ in cgs.

laufen können. Hat man also z. B. die Richtung der Kraftlinie a, Fig. 44, festgelegt, so müssen die Kraftlinien b und c in der punktiert eingezeichneten Weise im Eisen verlaufen. Kraftlinie b muß also im Mantel nach links und Kraftlinie c nach rechts abbiegen.

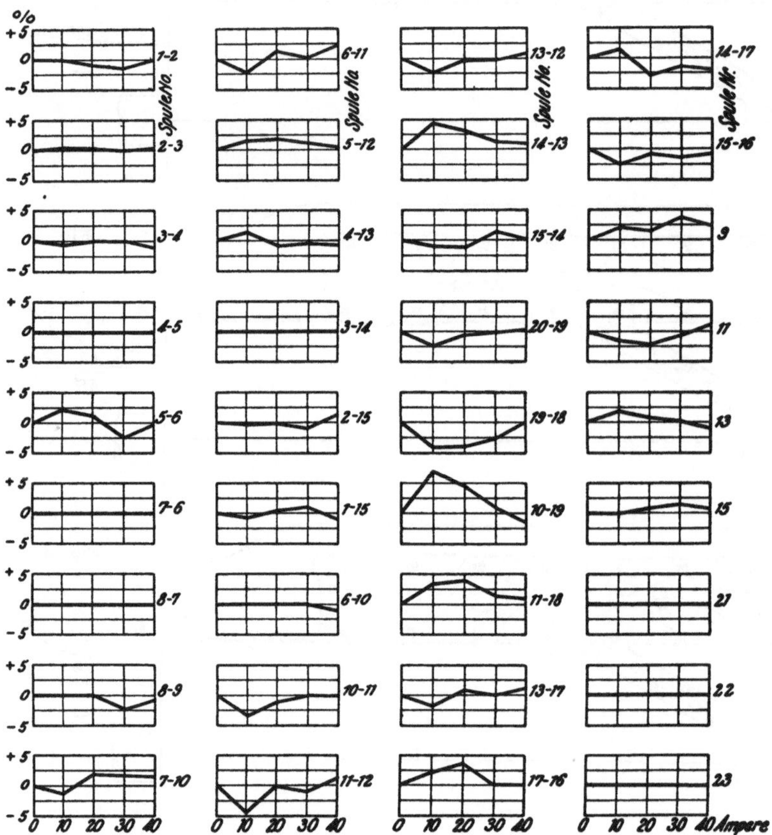

Fig. 42. Abweichungen der untereinander ausgeglichenen von den gemessenen Kraftflüssen in $^0/_0$, für Hub 150 mm.

Die vier Kraftröhrenbilder für Hub 150, Fig. 34 bis 37, lassen nun folgendes erkennen:

Zunächst ist eine gewisse Regelmäßigkeit der Kraftröhrenbilder untereinander nicht zu verkennen. Es lassen sich im wesentlichen drei Kraftflüsse unterscheiden: ein Hauptkraftfluß a, Fig. 44, der zwischen den beiden Kegelflächen verläuft, dann ein zweiter kräftiger Streufluß b zwischen der Außenfläche des festen Kernes und der Gehäusewand und schließlich ein dritter unbedeutender Streufluß c, der von der Gehäusewand nach dem Schlußjoch für den beweglichen Kern überströmt.

Beachtenswert ist ferner das außerordentlich weite Ausladen des zwischen den Kegelflächen übergehenden Kraftflusses. Die Kraftlinien haben hier das Bestreben, sich radial möglichst weit nach außen aus-

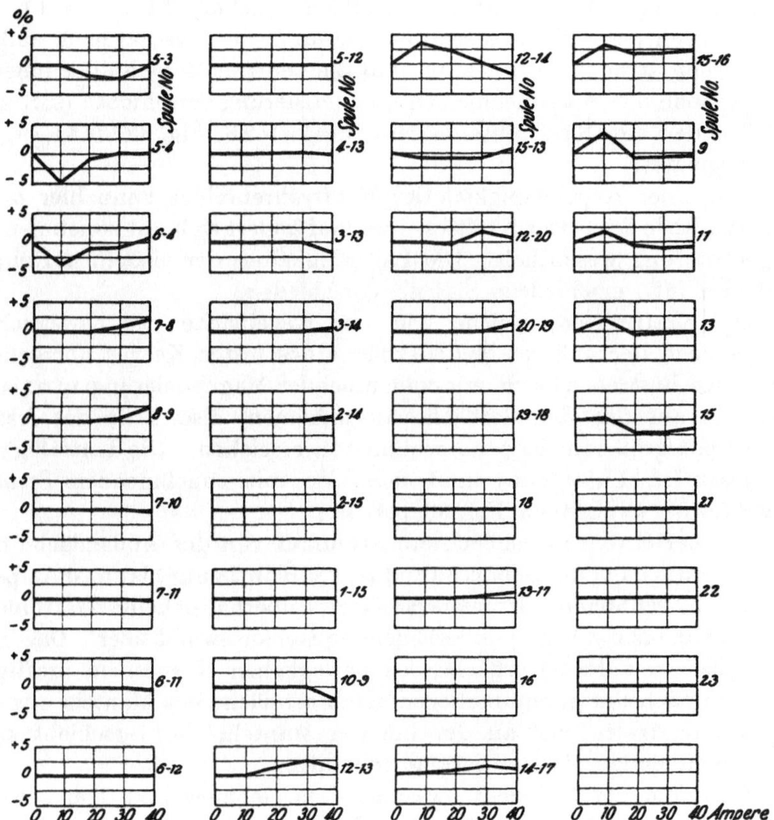

Fig. 43. Abweichungen der untereinander ausgeglichenen von den gemessenen Kraftflüssen in $^0/_0$, für Hub 28 mm.

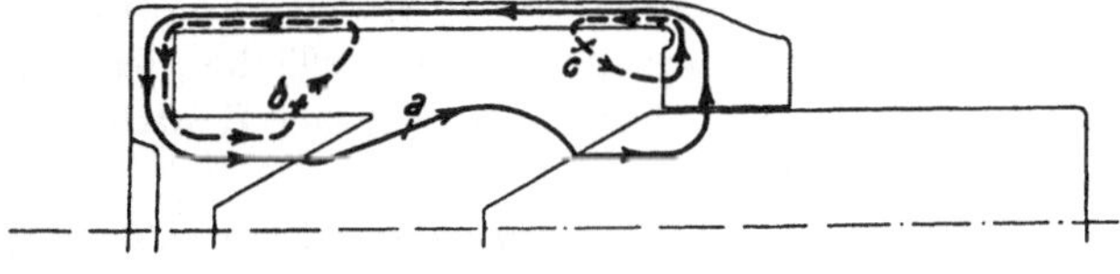

Fig. 44.

zubreiten, und zwar mehr, als man mit Rücksicht auf die dadurch bedingte Vergrößerung ihrer Längen annehmen sollte. Der Grund ist der, daß die Querschnitte der Kraftröhren mit Vergrößerung des Abstandes von der Achse quadratisch wachsen, weil der Magnet ein Rotationskörper ist, also die Leitfähigkeit trotz Verlängerung der Röhren zunimmt.

Die Zahl der Streulinien, die von der Außenfläche des festen Kernes nach der gegenüberliegenden Mantelfläche gehen (Streufluß b), ist ganz beträchtlich. Diese Streulinien verlaufen fast radial nach außen.

Ferner ist noch zu beachten, daß die neutrale Zone an der inneren Mantelfläche sich mit zunehmender Magnetisierung verschiebt. (s. S. 40.)

Aus den vier Kraftröhrenbildern für Hub 28, Fig. 38 bis 41, ergibt sich folgendes:

Von einer Regelmäßigkeit der Kraftröhrenbilder kann hier nicht mehr die Rede sein. Der Kraftlinienverlauf ändert sich mit zunehmender Magnetisierung wesentlich. Die Leitfähigkeiten der einzelnen Röhren sind also für verschiedene Ströme verschieden.

Die Kraftröhren, welche von der Kegelfläche des beweglichen Kernes nach der äußeren Zylinderfläche des festes Kernes übergehen, haben das Bestreben, sich mit zunehmender Magnetisierung in axialer Richtung auf der Zylinderfläche auszudehnen, also Teile des festen Kernes mit größerem Eisenquerschnitt zu erreichen. Die Leitfähigkeit des gesamten Luftspaltes muß sich also mit zunehmendem Strome vergrößern. (Vgl. auch Fig. 56 bis 59.)

Der bei Hub 150 beobachtete Streufluß von der Außenfläche des festen Kernes nach der Gehäusewand ist bei Hub 28 nur bis zu 20 Ampere vorhanden, bei höheren Stromstärken treten überhaupt keine Kraftlinienbilder mehr nach der gegenüberliegenden Gehäusewand über. Dagegen bildet sich von der Oberfläche des beweglichen Kernes ein kräftiger Streufluß nach der gegenüberliegenden Innenfläche des Mantels aus.

Die neutrale Zone an der inneren Mantelfläche verschiebt sich mit zunehmender Magnetisierung ebenfalls.

Trotzdem der Luftspalt zwischen dem Gehäuse und dem beweglichen Kern nur 0,5 mm beträgt, also der magnetische Widerstand klein ist, treten außerhalb dieses Luftspaltes Kraftlinien vom Kern nach dem Gehäuse über, bilden also einen Nebenschluß. Diese Kraftlinien verlaufen dann weiter teilweise durch das Gehäuse, treten dann durch die Spule hindurch nach der gegenüberliegenden Oberfläche des Kernes und schließen sich durch diesen. Der Verlauf dieser Kraftlinien im Eisen ist in den Figuren angedeutet.

Schon bei kleinen Magnetisierungsstromstärken (20 Amp.) bilden sich an der inneren Mantelfläche nahe den Stirnflächen der Magnetisierungsspule zwei annähernd symmetrisch gelegene Wirbel aus, welche bis zu 10 Ampere nicht vorhanden sind.

Von der außen liegenden ebenen Stirnfläche des beweglichen Kernes strömen ebenfalls Kraftlinien in den Raum, und zwar mehr wie bei großem Hub.

2. Kontrolle der ermittelten Kraftlinienverteilung mit Hilfe der mechanischen Arbeit.

Ein von Cohn [1]) angegebenes und später von Emde [2]) mehr für den praktischen Gebrauch zugeschnittenes Verfahren gibt nun ein einfaches Mittel an Hand, die gefundene Kraftlinienverteilung mit Hilfe der aus den Zugkraftkurven sich ergebenden mechanischen Arbeit auf ihre Richtigkeit zu prüfen.

Das Verfahren ergibt sich aus folgendem: Schließt man die Wicklung eines Magneten mit dem Widerstand w an eine konstante Gleichstromspannung E an, so wird der Strom J bekanntlich nicht plötzlich seinen Maximalwert erreichen, sondern es tritt eine Verzögerung ein und in jedem Moment besteht die Beziehung:

$$E = J \cdot w + \frac{d\,(n\,\Phi)}{dt} \cdot 10^{-8} \text{ Volt,}$$

wenn $\frac{d\,(n\,\Phi)}{dt}\, 10^{-8}$ die EMK der Selbstinduktion ist. Da nämlich infolge Auftretens von Streulinien die einzelnen Windungen der Spule nicht mit demselben, sondern mit verschiedenen Kraftflüssen verkettet sind, muß jede einzelne Windung mit dem mit ihr verketteten Kraftfluß multipliziert und die Summe aller dieser Produkte gebildet werden. Diese Summe soll in folgendem mit „Kraftflußwindungen“ $\int d\,(n\,\Phi)$ bezeichnet werden.

Die in den Magneten hineingeschickte elektrische Arbeit ergibt sich dann aus der ersten Gleichung zu:

$$E \cdot J \cdot dt = J^2 \cdot w \cdot dt + J \cdot d\,(n\,\Phi) \cdot 10^{-8} \text{ Wattsekunden,}$$

d. h. von der gesamten aufgewendeten elektrischen Arbeit $E \cdot J \cdot dt$ wird ein Teil vom Betrage $J^2 \cdot w \cdot dt$ dazu benutzt, während des Vorganges die Joulesche Wärme zu decken, der zweite Teil im Betrage von $J \cdot d\,(n\,\Phi) \cdot 10^{-8}$ dient zur Erzeugung der magnetischen Kraftlinien, ist also in dem Magnetfeld aufgespeichert. Dieser Teil der elektrischen Arbeit wird als „magnetische Energie“ bezeichnet. Am Ende des Vorganges, sobald also Beharrungszustand eingetreten ist, muß eine magnetische Energie im Betrage von:

$$\int_0^{(n\,\Phi)} J \cdot d\,(n\,\Phi) \cdot 10^{-8} \text{ Wattsek.}$$

aufgespeichert sein.

---

[1]) E. Cohn, „Das elektromagnetische Feld“. Leipzig 1900, S. 523—526.

[2]) F. Emde, „Über die Beziehung der mechanischen Arbeit von Elektromagneten zu ihrer Energie bei veränderlicher Permeabilität“. ETZ. 1908, S. 817. Vgl. auch Emde, „Zur Berechnung der Elektromagnete“. E. u. M., Wien 1906, S. 945.

Trägt man daher für eine bestimmte Stellung I (großer Hub) des Magnetkernes die Kraftflußwindungen als Funktion des Magnetisierungsstromes auf, Kurve I Fig. 45, so stellt die Fläche W_I die im Magnetfeld aufgespeicherte magnetische Energie bei dem Strome J dar. Es ist also:

$$W_I = \int_0^{(n\Phi)_I} J \cdot d(n\Phi)_I \cdot 10^{-8} \text{ Wattsek.}$$

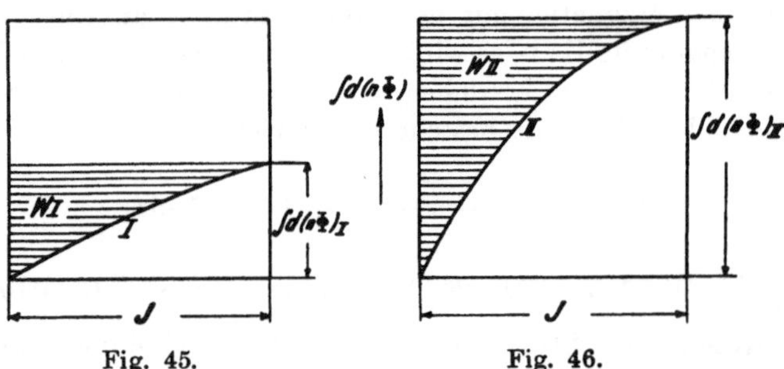

Fig. 45. Fig. 46.

Für eine andere Stellung II (kleiner Hub) des Kernes ergibt sich naturgemäß eine andere Kurve II, Fig. 46, der Kraftflußwindungen. Bei demselben Strom J ist also eine andere magnetische Energie im Betrage von:

$$W_{II} = \int_0^{(n\Phi)_{II}} J \cdot d(n\Phi)_{II} \cdot 10^{-8} \text{ Wattsek.}$$

aufgespeichert.

Da nun die Gleichung für die magnetische Energie allgemein Gültigkeit hat, sobald es sich um eine Kraftflußänderung handelt, so muß sie auch bestehen bleiben, wenn die Kraftflußänderung nicht, wie vorher angenommen, durch Stromänderung, sondern auf andere Weise, z. B. durch Verschieben des Kernes bei stromdurchflossener Magnetisierungsspule, hervorgerufen wird.

Läßt man also den Kern von dem großen Hub (Stellung I) auf den kleinen Hub (Stellung II) zurückgehen und hält dabei die Stromstärke durch Regeln dauernd auf dem ursprünglichen Wert J [1]), so wächst der Kraftfluß von Φ_1 auf Φ_2 und die Kraftflußwindungen von $\int d(n\Phi)_I$ auf $\int d(n\Phi)_{II}$. Dieser Vergrößerung der Kraftflußwindungen entspricht dann eine Zunahme der Energie im Betrage von:

---

[1]) Während der Bewegung wird infolge Zunahme des Kraftflusses in der Magnetwicklung eine Gegen-EMK erzeugt, die durch Erhöhung der aufgedrückten Spannung kompensiert werden muß; es wird also elektrische Energie zugeführt.

$$W_{III} = \int\limits_{(n\Phi)_I}^{(n\Phi)_{II}} J \,.\, d\,(n\,\Phi) \,.\, 10^{-8}$$

$$= \left[J \,.\int d\,(n\,\Phi)_{II} - J \,.\int d\,(n\,\Phi)_I\right] . \,10^{-8}$$

$$= \left[\int d\,(n\,\Phi)_{II} - \int d\,(n\,\Phi)_I\right] . \,J \,.\, 10^{-8} \text{ Wattsek.}$$

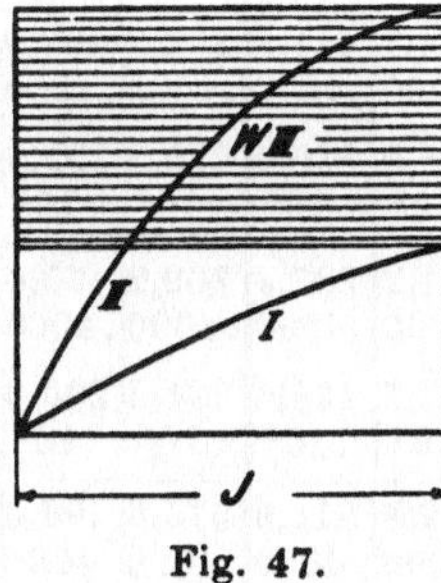

Fig. 47.

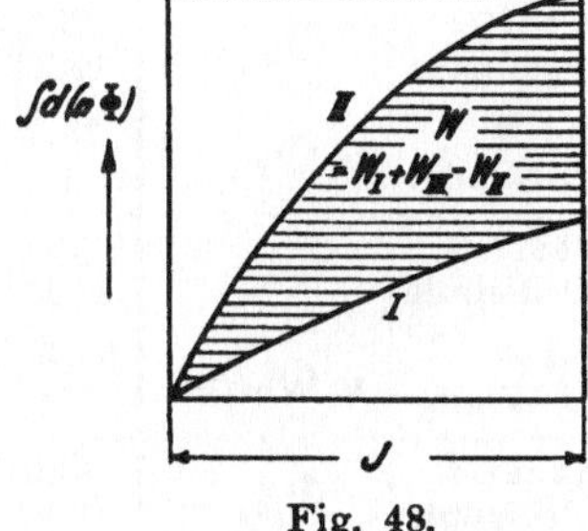

Fig. 48.

Dieser Betrag der Energie wird also dargestellt durch ein Rechteck W_{III}, Fig. 47, dessen eine Seite J und dessen andere Seite $[\int d\,(n\,\Phi)_{II} - \int d\,(n\,\Phi)_I]$ ist, und wird zum Teil zur Vermehrung der magnetischen Energie verwendet, zum Teil in mechanische Arbeit umgesetzt.

Damit der Magnet nun mechanische Arbeit leisten kann, muß bei einem großen Hub (Stellung I) und festgehaltenem Kern der Strom eingeschaltet und nach Erreichung des Endwertes J der Kern losgelassen werden. Er bewegt sich dann, indem er mechanische Arbeit leistet, bis zu dem kleinen Hub (Stellung II). Wird während der Bewegung, wie oben angenommen, die Stromstärke konstant gehalten, so ergibt sich folgende Energiebilanz.

Bei Stellung I ist, nachdem der Strom seinen Endwert J erreicht hat, in dem Magnetfeld eine magnetische Energie W_I (Fig. 45) aufgespeichert. Während der Bewegung des Kernes von Stellung I nach Stellung II wird die Energie um den Betrag W_{III} (Fig. 47) vergrößert und gleichzeitig nach außen die mechanische Arbeit A geleistet, nach Beendigung der Bewegung, wenn also der Kern auf Stellung II gekommen ist, muß die in dem Magnetfeld aufgespeicherte, also zurückgebliebene Energie W_{II} (Fig. 46) betragen. Als mechanische Arbeit bleibt also die Differenz der in den Magneten hineingeschickten Energie $W_I + W_{III}$ weniger der in dem Magnetfeld zurückbleibenden Energie W_{II}. Also beträgt die mechanische Arbeit:

$$A = W_I + W_{III} - W_{II} \text{ Wattsekunden,}$$

Tabelle 4.

Ermittlung der Kraftflußwindungen aus den Kraftröhrenbildern.

		Hub 150				Hub 28			
	Ampere	10	20	30	40	10	20	30	40
Spulenteil 1 zwischen Prüfspule	$\Phi_{m_1} =$	140,7 . 4000	289,8 . 4000	401,6 . 4000	470,7 . 4000	403,0 . 4000	506,8 . 4000	550,4 . 4000	578,6 . 4000
1 und 2 n_1 = 165 Windg.	$n_1 \Phi_{m_1} =$	$93{,}0 \cdot 10^6$	$191{,}0 \cdot 10^6$	$264{,}5 \cdot 10^6$	$310{,}1 \cdot 10^6$	$265{,}9 \cdot 10^6$	$334{,}0 \cdot 10^6$	$363{,}0 \cdot 10^6$	$382{,}0 \cdot 10^6$
Spulenteil 2 zwischen Prüfspule	$\Phi_{m_2} =$	123,6 . 4000	254,4 . 4000	351,7 . 4000	411,3 . 4000	392,2 . 4000	498,0 . 4000	537,7 . 4000	567,4 . 4000
2 und 3 n_2 = 151,9 Windg.	$n_2 \Phi_{m_2} =$	$75{,}2 \cdot 10^6$	$154{,}5 \cdot 10^6$	$214{,}0 \cdot 10^6$	$250{,}0 \cdot 10^6$	$238{,}3 \cdot 10^6$	$303{,}0 \cdot 10^6$	$327{,}0 \cdot 10^6$	$345{,}0 \cdot 10^6$
Spulenteil 3 zwischen Prüfspule	$\Phi_{m_3} =$	87,43 . 4000	180,5 . 4000	251,2 . 4000	297,4 . 4000	369,2 . 4000	477,6 . 4000	517,9 . 4000	548,9 . 4000
3 und 4 n_3 = 151,9 Windg.	$n_3 \Phi_{m_3} =$	$53{,}1 \cdot 10^6$	$109{,}6 \cdot 10^6$	$152{,}5 \cdot 10^6$	$180{,}4 \cdot 10^6$	$224{,}3 \cdot 10^6$	$290{,}0 \cdot 10^6$	$314{,}0 \cdot 10^6$	$334{,}0 \cdot 10^6$
Spulenteil 4 zwischen Prüfspule	$\Phi_{m_4} =$	58,0 . 4000	121,0 . 4000	172,8 . 4000	211,8 . 4000	374,5 . 4000	496,0 . 4000	542,8 . 4000	576,1 . 4000
4 und 5 n_4 = 151,9 Windg.	$n_4 \Phi_{m_4} =$	$35{,}2 \cdot 10^6$	$73{,}5 \cdot 10^6$	$105{,}0 \cdot 10^6$	$128{,}5 \cdot 10^6$	$227{,}5 \cdot 10^6$	$301{,}5 \cdot 10^6$	$330{,}0 \cdot 10^6$	$350{,}1 \cdot 10^6$
Spulenteil 5 zwischen Prüfspule	$\Phi_{m_5} =$	50,65 . 4000	106,5 . 4000	155,3 . 4000	195,3 . 4000	408,9 . 4000	546,2 . 4000	596,2 . 4000	628,6 . 4000
5 und 6 n_5 = 151,9 Windg.	$n_5 \Phi_{m_5} =$	$30{,}8 \cdot 10^6$	$64{,}7 \cdot 10^6$	$94{,}5 \cdot 10^6$	$118{,}5 \cdot 10^6$	$248{,}4 \cdot 10^6$	$332{,}0 \cdot 10^6$	$362{,}0 \cdot 10^6$	$382{,}0 \cdot 10^6$
Spulenteil 6 zwischen Prüfspule	$\Phi_{m_6} =$	53,7 . 4000	113,0 . 4000	166,3 . 4000	212,3 . 4000	431,8 . 4000	575,5 . 4000	621,9 . 4000	649,5 . 4000
6 und 7 n_6 = 151,9 Windg.	$n_6 \Phi_{m_6} =$	$32{,}6 \cdot 10^6$	$68{,}7 \cdot 10^6$	$101{,}0 \cdot 10^6$	$129{,}0 \cdot 10^6$	$262{,}5 \cdot 10^6$	$350{,}0 \cdot 10^6$	$378{,}0 \cdot 10^6$	$395{,}0 \cdot 10^6$
Spulenteil 7 zwischen Prüfspule	$\Phi_{m_7} =$	59,03 . 4000	124,0 . 4000	183,2 . 4000	235,8 . 4000	439,9 . 4000	582,0 . 4000	623,2 . 4000	647,1 . 4000
7 und 8 n_7 = 163,5 Windg.	$n_7 \Phi_{m_7} =$	$38{,}6 \cdot 10^6$	$81{,}2 \cdot 10^6$	$120{,}0 \cdot 10^6$	$154{,}0 \cdot 10^6$	$287{,}5 \cdot 10^6$	$380{,}0 \cdot 10^6$	$407{,}0 \cdot 10^6$	$423{,}0 \cdot 10^6$
$\Sigma (n \cdot \Phi_m) = \int d(n\Phi) =$		$3{,}584 \cdot 10^8$	$7{,}432 \cdot 10^8$	$10{,}52 \cdot 10^8$	$12{,}71 \cdot 10^8$	$17{,}54 \cdot 10^8$	$22{,}91 \cdot 10^8$	$24{,}81 \cdot 10^8$	$26{,}11 \cdot 10^8$

die mechanische Arbeit, die der Magnet bei konstantem Strom J zwischen 2 Hüben zu leisten vermag, ist also gleich der zwischen den beiden Kurven der Kraftflußwindungen liegendenden Fläche W, Fig. 48 [1]).

Dieses Verfahren läßt sich nun zur Kontrolle der ermittelten Kraftflüsse verwenden.

---

[1]) Diese Betrachtungen sind nur unter der Voraussetzung gültig, daß keine Verluste durch Hysteresis und Wirbelströme auftreten.

Denkt man sich die Magnetisierungsspule durch die 8 Windungsebenen der auf ihrer Außenfläche befindlichen Prüfspulen in sieben Teile geteilt, so sind die Windungszahlen n_1, n_2 usw. jedes dieser einzelnen Spulenteile ohne weiteres aus den geometrischen Abmessungen der Querschnitte gegeben. Aus den Kraftröhrenbildern Fig. 34 bis 41 ergeben sich dann die mit den einzelnen Prüfspulen, also auch die mit den vier Eckwindungen jedes Spulenteils verketteten Kraftflüsse Φ_1, Φ_2, Φ_3, Φ_4 und hieraus mit großer Annäherung als arithmetisches Mittel die Zahl der mit allen Windungen des betr. Spulenteiles verketteten Kraftlinien:

$$\Phi_m = \frac{(\Phi_1 + \Phi_2 + \Phi_3 + \Phi_4)}{4}$$

Die Zahl der Kraftflußwindungen für diesen Spulenteil ist dann das Produkt Windungszahl $\times$ mittlere Kraftlinienzahl $= (n_1 \,.\, \Phi_{m_1})$ und die Zahl der Kraftflußwindungen für den ganzen Magneten gleich der Summe dieser 7 Einzelprodukte.

Diese Rechnung ist in Tabelle 4 für Hub 28 und Hub 150 und die Stromstärken 10, 20, 30 und 40 Amp. durchgeführt, sie ergibt dann je 4 zu diesen Stromstärken gehörige Punkte der beiden Kraftflußwindungskurven. Die Kurven sind in Fig. 49 graphisch aufgetragen [1]).

Die mechanische Arbeit, die der Magnet bei irgend einem Strom zwischen den beiden Hüben 150 und 28 mm zu leisten vermag, ergibt sich als die Fläche, die zwischen den beiden Kurven der Kraftflußwindungen und dem bei der betr. Stromstärke errichteten Lot liegt, und zwar hier in Einheiten von

$$\text{Ampere} \times \text{Kraftflußwindungen} = J \,.\, \int d\,(n\Phi)$$

Multipliziert man daher die erhaltenen Werte mit 10^{-8}, so erhält man nach der Ableitung die mechanische Arbeit in Wattsekunden. Diese

---

[1]) Nach einem Vorschlag von Herrn Professor Dr.-Ing. Gg. Hilpert lassen sich für große magnetische Massen die Kraftflußwindungen und die magnetisch aufgespeicherte Energie experimentell folgendermaßen ermitteln:

Man nimmt während des Einschaltvorganges sowohl den Magnetisierungsstrom als auch die Klemmenspannung in Abhängigkeit von der Zeit auf, dann ist kekannt: $J = f(t)$, also auch $J \,.\, w = f(t)$, (wenn w der Widerstand der Magnetwicklung ist), und $E = f(t)$. Die Differenz $E - J \,.\, w$ stellt dann die EMK der Selbstinduktion dar, also: $E - J \,.\, w = \frac{d\,(n\Phi)}{dt} \,.\, 10^{-8}$ Volt, daraus ergeben sich dann die Kraftflußwindungen:

$$\int d\,(n\,\Phi) = \int (E - J \,.\, w)\,dt \,.\, 10^8,$$

als die zwischen der E- und der $J \,.\, w$-Kurve eingeschlossene Fläche und hieraus die magnetische Energie:

$$J \int d\,(n\,\Phi) \,.\, 10^{-8} = J \int (E - J \,.\, w)\,dt \text{ Wattsek.}$$

Werte sind in Fig. 49 tabellarisch eingetragen und durch die punktierte Kurve angedeutet. Die mechanische Arbeit in mkg erhält man dann, da 1 mkg = 9,81 Wattsek. ist, durch Division mit 9,81.

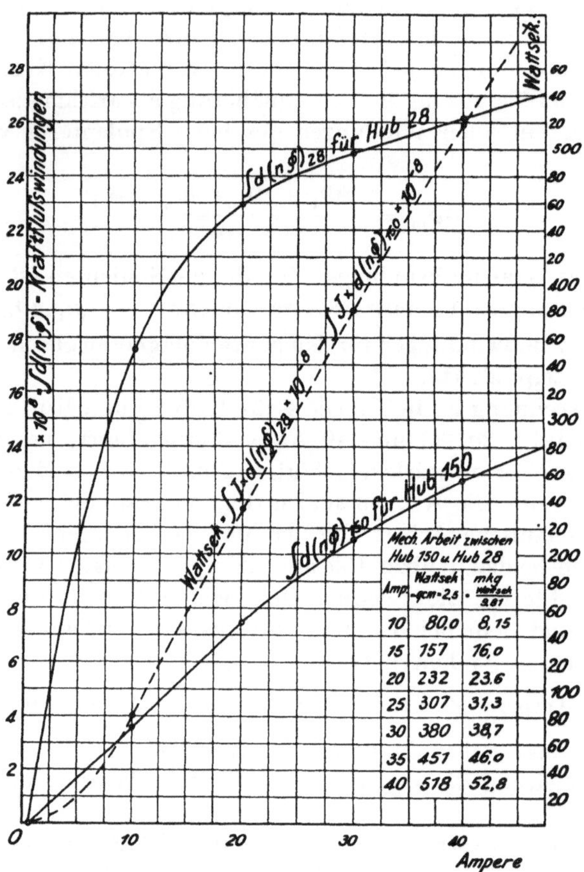

Fig. 49. Ermittlung der mechan. Arbeit des Magneten zwischen 150 und 28 mm Hub aus den beiden Kurven der Kraftflußwindungen.

Vergleicht man nun die aus den Zugkraftkurven ermittelte mechanische Arbeit, Tabelle Fig. 18 mit den hier gefundenen Werten, so ergeben sich die in Tabelle 5 angegebenen Abweichungen; der Fehler beträgt also, abgesehen von dem Wert für 10 Ampere, etwa — 2 %.

Da die Kraftflußwindungen aus den einzelnen experimentell ermittelten Kraftflüssen berechnet sind, diese aber aus dem auf Seite 48 erwähnten Grunde zu klein ausfallen müssen, so erklärt sich auch die durchweg vorhandene Abweichung nach der negativen Seite.

Tabelle 5.

Mechanische Arbeit zwischen Hub 150 und Hub 28 bei konstanter Stromstärke.

bei Ampere	I. Aus den experimentell bestimmten Kraftflüssen (s. Fig. 49) in mkg	II. Aus den Zugkraftkurven ermittelt (s. Fig. 18) in mkg	Abweichung I—II mkg	Abweichung in % von II %
10	8,15	8,7	— 0,55	— 6,3
15	16,0	16,4	— 0,4	— 2,4
20	23,6	24,2	— 0,6	— 2,5
25	31,3	31,8	— 0,5	— 1,6
30	38,7	39,4	— 0,7	— 1,8
35	46,0	46,6	— 0,6	— 1,3
40	52,8	53,8	— 1,0	— 1,9

Die gute Übereinstimmung der nach diesem Verfahren ermittelten mechanischen Arbeit mit der aus den Zugkraftkurven sich ergebenden mechanischen Arbeit berechtigt zu dem Schluß, daß sowohl die Werte der zugrunde gelegten und experimentell bestimmten Einzelkraftflüsse als auch ihre Verteilung hinreichend genau ist. Dabei darf allerdings nicht unberücksichtigt bleiben, daß sich bei der ausgeführten Summation positive und negative Fehler aufheben können.

3. Der Streukoeffizient.

Aus den Kraftröhrenbildern (Fig. 34 bis 41) lassen sich weiter auch die Kraftflüsse in den verschiedenen Teilen des Eisenkörpers ermitteln, und zwar sind sowohl die Kraftflüsse im Kern als auch die Kraftflüsse im Mantel unmittelbar durch die Kraftflüsse der an ihren Oberflächen liegenden Prüfspulen gegeben. Daraus läßt sich dann der Streukoeffizient bestimmen, und zwar soll als Streukoeffizient σ der Faktor angesehen werden, welcher angibt, wieviel mal größer der mittlere Kraftfluß Φ_E im Eisen des Magneten, gegenüber dem Kraftfluß in Luft Φ_L ist, der aus der Kegelfläche des beweglichen Kernes ausströmt. Es ist also:

$$\Phi_E = \sigma \cdot \Phi_L.$$

Die beiden Kegelstücke sollen dabei aus einem später noch zu besprechenden Grunde bis zur Basis weggedacht sein.

Da nun der Kraftfluß Φ_L nicht unmittelbar aus den Versuchen bekannt ist, so wurde das folgende graphische Verfahren zu Hilfe genommen.

Trägt man, vom Mittelpunkt der Kreisfläche an der Spitze des beweglichen Kernes ausgehend, die Abstände der Prüfspulen, auf der Eisenoberfläche gemessen, als Abszissen auf und als Ordinaten über den Prüfspulenmitten die zugehörigen Kraftflüsse bei 10, 20, 30 und 40 Amp.

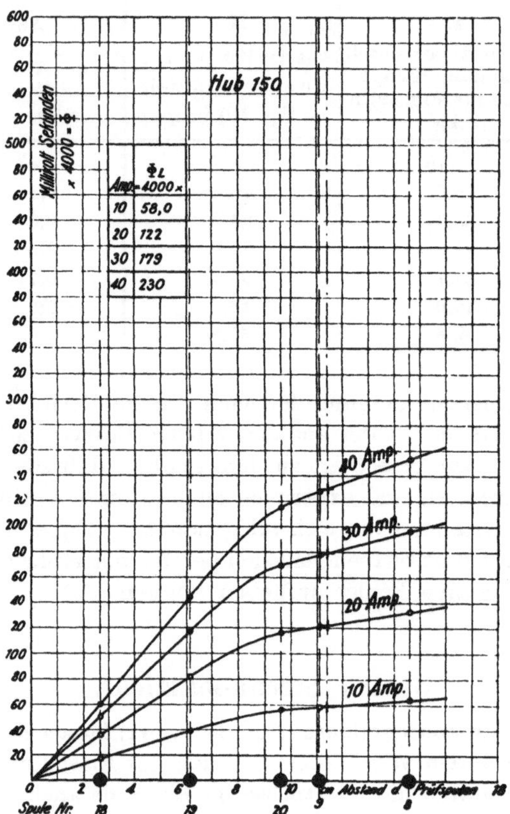

Fig. 50. Örtliche Verteilung des Kraftflusses auf der Oberfläche des beweglichen Kegels für 150 mm Hub und verschiedene Magnetisierungsstromstärken.

und legt durch die zugeordneten Punkte stetige Kurven, Fig. 50, 51 und 52, so geben diese die Kraftflüsse im Eisen an jeder beliebigen Stelle an. Die gesuchten Kraftflüsse Φ_L lassen sich also bei dem hierfür in Betracht kommenden und durch eine strichpunktierte Linie angegebenen Abszissenpunkt 11,4 cm ablesen. Die erhaltenen Werte sind in den Figuren in Tabellenform wiedergegeben.

Die Streukoeffizienten für die beiden Hübe 150 und 28 sind dann in den Tabellen 6 und 7 berechnet und in Fig. 53 graphisch aufgetragen.

Es ergibt sich also, daß der Streuungskoeffizient bei dem großen

Hube ganz beträchtliche Werte (bis etwa 1,6) erreicht und mit zunehmender Magnetisierung auf etwa 1,4 fällt. Bei dem kleinen Hub dagegen beträgt die Streuung nur etwa 10 % und ist nahezu konstant.

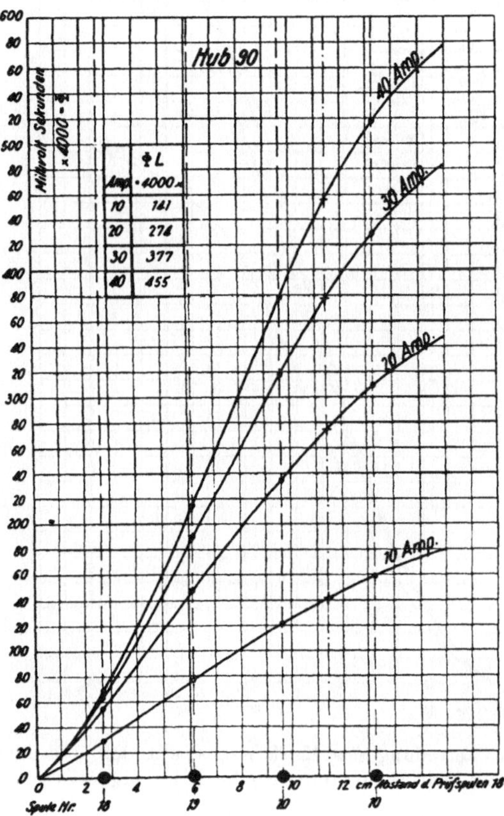

Fig. 51. Örtliche Verteilung des Kraftflusses auf der Oberfläche des beweglichen Kegels für 90 mm Hub und verschiedene Magnetisierungsstromstärken.

4. Entwurf von Kraftlinienbildern.

Um eine bessere Vorstellung von der Kraftlinienverteilung im Inneren des Magneten zu gewinnen, wurde versucht, die Kraftlinien möglichst genau zu zeichnen und ihre Zahl im Gegensatz zu den früheren Kraftröhrenbildern durch Einheitsröhren darzustellen, d. h. durch Röhren, die immer von demselben Kraftfluß durchsetzt sind.

Da aber in vorliegendem Falle wegen der Rotationsform des Eisenkörpers eine eindeutige Darstellung der Kraftröhren sowohl bezüglich ihrer Abmessungen als auch ihrer Zahl in einer Projektionsebene nicht ohne weiteres möglich ist, weil die Kraftröhren als räumliche Gebilde

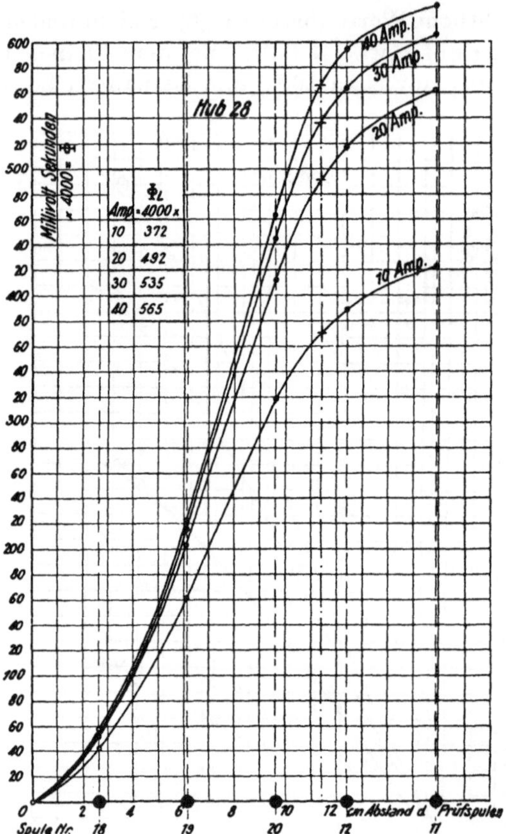

Fig. 52. Örtliche Verteilung des Kraftflusses auf der Oberfläche des beweglichen Kegels für 28 mm Hub und verschiedene Magnetisierungsstromstärken.

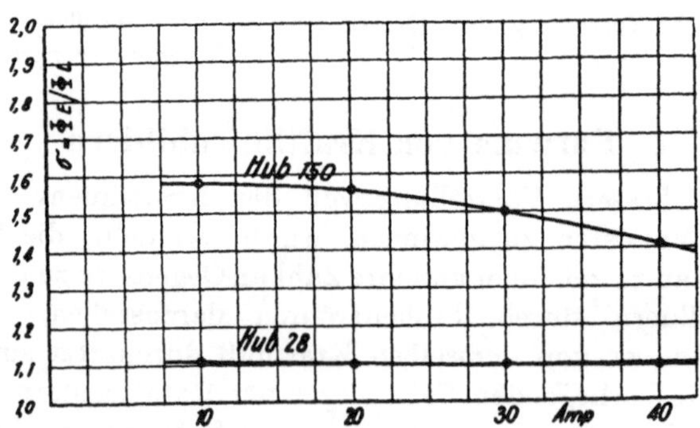

Fig. 53. Abhängigkeit des Streukoeffizienten von der Magnetisierungsstromstärke für 150 und 28 mm Hub.

Tabelle 6.

Berechnung des Streuungskoeffizienten für Hub 150.

Spule Nr.	M. V.-Sekunden bei			
	10 Amp.	20 Amp.	30 Amp.	40 Amp.
9	57,2	120,3	177,4	227,8
8	63,3	132,7	196,2	252,8
7	61,7	129,2	190,5	244,4
6	58,0	121,7	178,3	225,8
5	61,5	128,3	185,2	230,5
4	79,6	165,1	232,6	281,5
3	112,3	230,8	320,7	379,0
2	138,1	284,1	393,6	461,9
1	148,2	304,5	421,9	492,9
L	138,1	284,1	393,6	461,9
$\Sigma\Phi =$	918,0	1900,8	2690,0	3258,5
Mittel $= \Phi_E =$	91,8	190,1	269,0	325,9
Φ_L *) $=$	58,0	122	179	230
$\sigma = \Phi_E/\Phi_L =$	1,58	1,56	1,50	1,413

*) aus Fig. 50.

Tabelle 7.

Berechnung des Streuungskoeffizienten für Hub 28.

Spule Nr.	MV.-Sekunden bei			
	10 Amp.	20 Amp.	30 Amp.	40 Amp.
12	388,7	516,8	563,7	594,2
11	422,5	561,7	605,9	628,7
10	438,0	578,4	615,7	635,4
9	436,5	571,7	605,5	622,3
8	443,5	587,8	631,5	658,5
7	441,5	590,1	640,1	672,1
6	425,4	571,8	625,8	661,9
5	399,1	534,4	589,6	629,7
4	378,8	500,6	550,9	589,3
3	389,0	502,7	549,6	587,9
2	403,3	513,6	559,6	594,8
1	406,1	510,3	554,8	586,4
L	403,3	502,7	549,6	573,0
$\Sigma\Phi =$	5375,7	7042,6	7642,2	8034,2
Mittel $= \Phi_E =$	413	542	588	618
Φ_L *) $=$	372,0	492,0	535,0	565,0
$\sigma = \Phi_E/\Phi_L =$	1,11	1,10	1,099	1,093

*) aus Fig. 52.

mit verschiedenen Querschnittsformen und Querschnittsabmessungen aufzufassen sind, so ist die Annahme erforderlich, daß alle Kraftröhren die Form von Rotationskörpern besitzen, deren Rotationsachsen

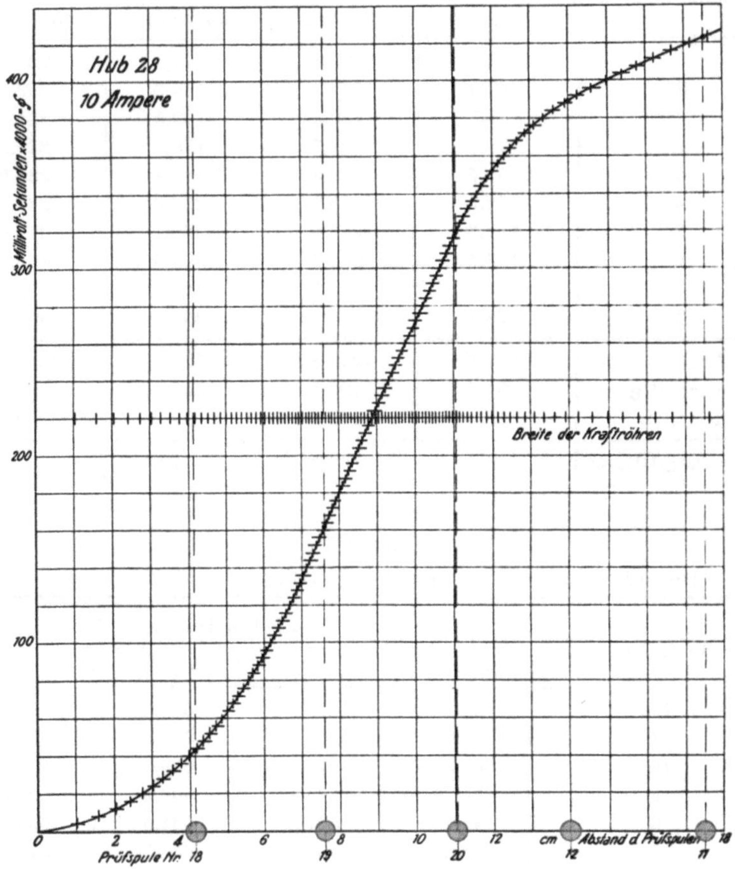

Fig. 54. Graphische Ermittlung der Breiten der Kraftröhren auf den beweglichen Kegel bei 28 mm Hub und 10 Ampere Magnetisierungsstrom.

in die Achse des Magneten fallen. Die Kraftröhren lassen sich dann in einer durch die Achse des Magneten gelegten Ebene so darstellen, daß ihre sämtlichen Abmessungen aus der Zeichnung zu entnehmen bzw. leicht zu berechnen sind.

Da ferner durch die Versuche nur die Gesamtzahl der zwischen je 2 benachbarten Prüfspulen austretenden Kraftlinien, nicht aber ihre örtliche Verteilung zwischen den beiden Prüfspulen ermittelt ist, so ist die weitere Annahme nötig, daß sich die Kraftliniendichte überall auf der Eisenoberfläche stetig, also nicht plötzlich ändert.

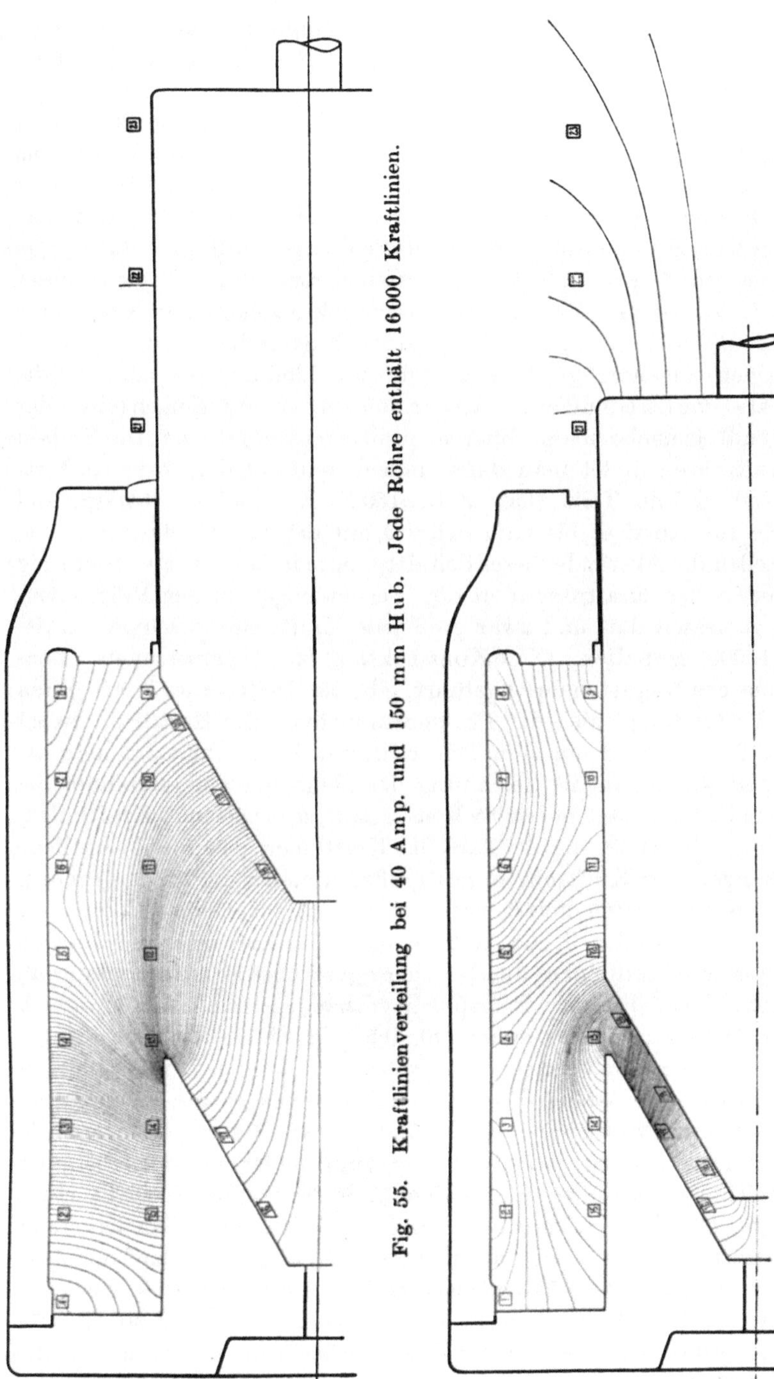

Fig. 55. Kraftlinienverteilung bei 40 Amp. und 150 mm Hub. Jede Röhre enthält 16000 Kraftlinien.

Fig. 56. Kraftlinienverteilung bei 40 Amp. und 28 mm Hub. Jede Röhre enthält 16000 Kraftlinien.

Die Breiten der darzustellenden Kraftröhren, in den Verbindungslinien zwischen den Mitten der Prüfspulen gemessen, lassen sich dann auf folgende Weise finden:

Denkt man sich, im Längsschnitt des Magneten, durch die Mitten der auf dem beweglichen Kegel liegenden Prüfspulen eine Gerade bis zum Schnittpunkt mit der Achse des Magneten gezogen und trägt über dieser Geraden als Abszisse die mit den betreffenden Prüfspulen verketteten Kraftflüsse auf und verbindet die erhaltenen Punkte durch eine möglichst stetige Kurve, Fig. 54, so stellen die Ordinatenwerte dieser Kurve die zu jedem beliebigen Abszissenpunkte gehörenden Kraftflüsse dar. Die Differenz zweier Ordinatenwerte gibt dann die Zahl der zwischen den beiden zugehörigen Abszissenpunkten hindurchgehenden Kraftlinien, also den Streufluß an, und zwar auch der Richtung nach (ein- oder austretend), je nachdem die Differenz positiv oder negativ ist. Die Breiten der Kraftröhren findet man dann, indem man auf der Ordinate fortschreitend gleiche Teile (hier z. B. 16000 Kraftlinien) abträgt und Parallele zur Abszisse bis zum Schnitt mit der Kraftflußkurve zieht; dann stellen die Abstände dieser Schnittpunkte in horizontaler Richtung die Breiten der Kraftröhren in der Verbindungslinie der Prüfspulenmitten gemessen dar, und zwar muß jede Kraftröhre gleichviel Kraftlinien (16000) enthalten. Diese Konstruktion, für die ganze innere Eisenoberfläche des Magneten durchgeführt, gibt die Breiten aller Kraftröhren in den Verbindungslinien der Prüfspulenmitten. Die Konstruktion ist für Hub 28 in Fig. 54 nur zum Teil wiedergegeben. Überträgt man die erhaltenen Punkte in die Zeichnung des Magneten und verbindet die Punkte entsprechend dem ermittelten Verlauf, so erhält man Kraftlinienbilder, Fig. 55 bis 59, die die Zahl der Kraftlinien genau und sämtliche Abmessungen der Kraftröhren mit großer Annäherung wiedergegeben.

Die Konstruktion liefert naturgemäß um so genauere Werte, je dichter die Prüfspulen liegen, d. h. je mehr Punkte die zu zeichnende Kraftflußkurve bestimmen; die Unsicherheit ist aber hier nicht sehr groß, weil verhältnismäßig viele Prüfspulen vorhanden sind. Wie ein Blick auf Fig. 54 zeigt, wird es kaum möglich sein, eine andere als die gezeichnete Kurve durch die sechs gegebenen Punkte zu ziehen. Bei den festen Kegelflächen ist die Unsicherheit allerdings größer, da nur zwei Prüfspulen unmittelbar in der Fläche und eine, Nr. 13, etwas entfernt liegt.

Besonders interessant bei den Kraftlinienbildern ist der Übergang der Kraftlinien zwischen den beiden Kegelflächen bei kleinem Hub, Fig. 56 bis 59. Die Kraftlinien sind hier der Einfachheit halber als gerade Linien gezeichnet, ob sie in Wirklichkeit einen solchen Verlauf nehmen, soll unerörtert bleiben; auf keinen Fall ist aber damit der Brechungswinkel gegeben, die Kraftlinien können immer noch, auch wenn sie in Luft geradlinig verlaufen, dicht an der Eisenoberfläche ihr Richtung ändern.

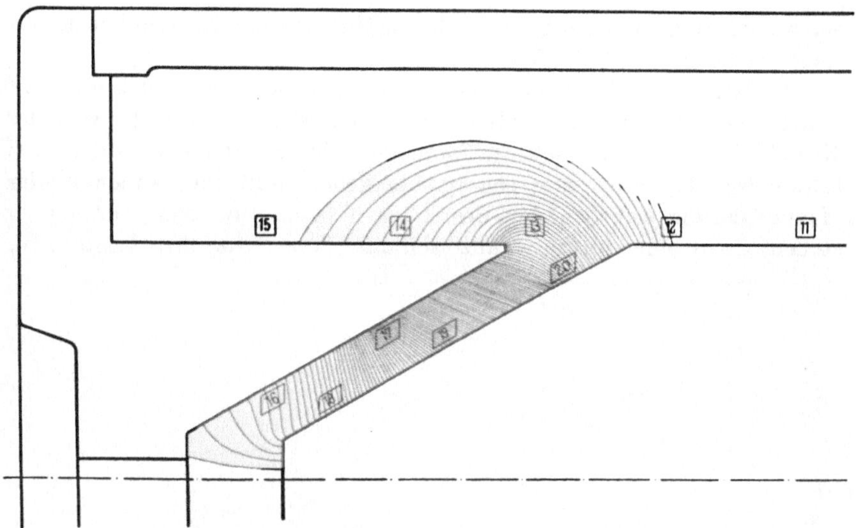

Fig. 57. Kraftlinienverteilung zwischen den Kegelflächen bei 30 Amp. und 28 mm Hub. Jede Röhre enthält 16000 Kraftlinien.

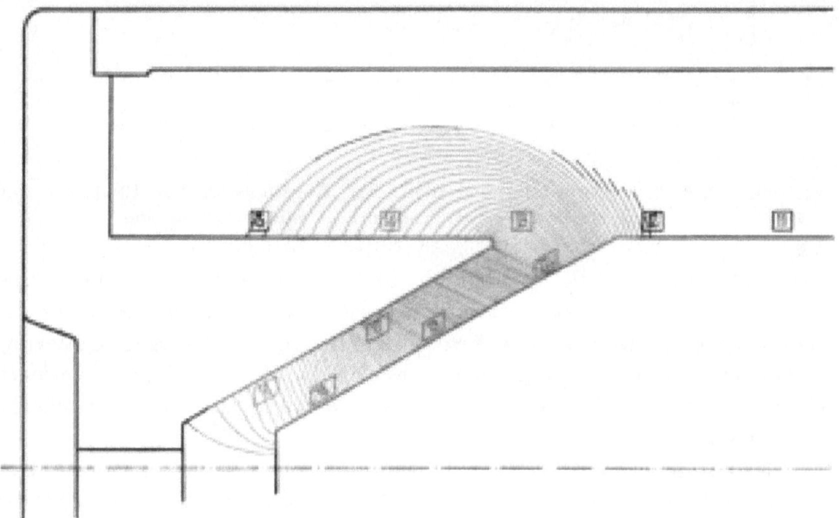

Fig. 58. Kraftlinienverteilung zwischen den Kegelflächen bei 20 Amp. und 28 mm Hub. Jede Röhre enthält 16000 Kraftlinien.

Diese Kraftlinienbilder zeigen nun, daß entgegen der allgemein üblichen Ansicht [1]) im allgemeinen von einem senkrechten Übergang zwischen den Kegelflächen nicht die Rede sein kann, auch nicht bei

[1]) W. Benecke, „Über den Einfluß der Polform von Magneten auf die Zug-

schwacher Magnetisierung, ganz gleichgültig, ob die Kraftlinien geradlinig im Luftspalt verlaufen oder nicht.

Es lassen sich bei allen Magnetisierungen deutlich drei Zonen auf den Kegelflächen unterscheiden: die äußerste und breiteste von der Kegelbasis an gerechnet, in welcher die Kraftlinien schon bei schwacher Magnetisierung schräg übergehen und mit zunehmender Magnetisierung sichtlich das Bestreben haben, sich noch schräger zu stellen, dann eine mittlere ganz schmale Zone, die ihre Lage etwa

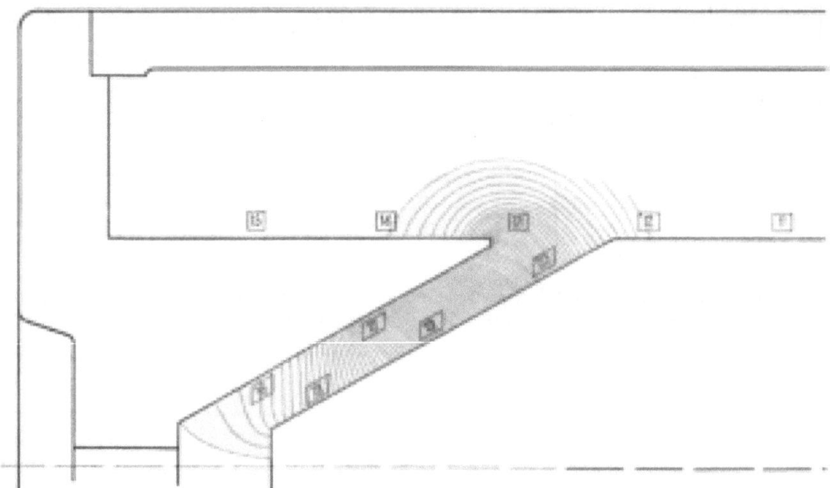

Fig. 59. Kraftlinienverteilung zwischen den Kegelflächen bei 10 Amp. und 28 mm Hub. Jede Röhre enthält 16000 Kraftlinien.

beibehält, in der die Kraftlinien immer senkrecht übergehen, und schließlich die innerste, etwa ein Drittel umfassende Zone an der Kegelspitze, in welcher die Kraftlinien bei schwacher Magnetisierung radial von der Kegelspitze nach außen und mit zunehmender Magnetisierung immer mehr in senkrechter Richtung zur Eisenoberfläche überzugehen suchen.

Ferner zeigt sich hier sehr deutlich die schon früher erwähnte Tatsache, daß die letzte von der Kegelbasis des beweglichen nach der. Außenfläche des festen Kernes übergehende Kraftlinie ihre Lage mit zunehmender Magnetisierung ganz wesentlich ändert. Bei 10 Amp. Fig. 59 verläuft diese Kraftlinie etwa bis zur Prüfspule 14, ladet dann immer weiter aus, bei 40 Ampere Fig. 56 reicht sie weit über Prüfspule 15 hinaus.

---

kraft derselben". ETZ. 1901, S. 542. J. Liska, „Zur Berechnung von Wechselstrom-Hubmagneten". ETZ. 1910, S. 1021.

5. Vergleich der gemessenen Zugkraft mit der nach der Maxwellschen Formel berechneten.

Die gewöhnlich für die Berechnung magnetischer Zugkräfte angewandte Maxwellsche [1]) Formel:

$$Z = \left(\frac{B}{1000}\right)^2 \frac{F}{24{,}65} = \left(\frac{\Phi}{1000}\right)^2 \frac{1}{24{,}65 \, . \, F} \text{ kg}$$

ist für den Fall abgeleitet [2]), daß zwischen den beiden ebenen Eisenflächen ein homogenes Feld vorhanden ist, und daß die Kraftlinien senkrecht in die Eisenflächen eintreten, der Abstand der Eisenflächen muß also klein im Verhältnis zu ihrer Ausdehnung sein.

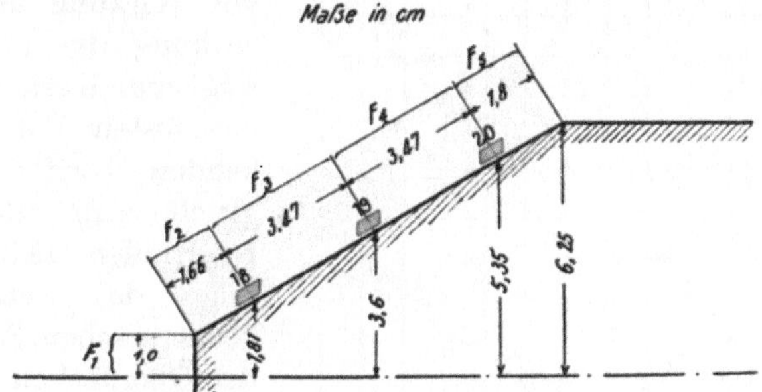

Fig. 60. Flächen: $F_1 = 3{,}14$; $F_2 = 14{,}65$; $F_3 = 59{,}0$; $F_4 = 97{,}5$; $F_5 = 65{,}7$ qcm.

Will man nun, was vielfach geschieht [3]), diese Zugkraftformel auch dann anwenden, wenn zwischen Anker und Pol ein größerer Luftspalt besteht, so braucht zunächst die Bedingung eines homogenen Feldes auf der Eisenoberfläche des Kernes nicht mehr erfüllt zu sein. Mit Rücksicht darauf, daß magnetische Zugkräfte nur da auftreten, wo Kraftlinien zwischen zwei Medien verschiedener Permeabilität, hier Eisen und Luft übergehen [4]), also nur an der Eisenoberfläche, müßte man sich die ganze von Kraftlinien durchsetzte Oberfläche des Kernes in Einzelflächen mit möglichst homogenen Feldern zerlegt und die gerechneten Einzelkräfte senkrecht zur Eisenoberfläche ange-

---

[1]) F. Emde (E. u. M., Wien 1906, S. 945 und EKB. 1910, S. 551) macht darauf aufmerksam, daß diese Formel nicht unmittelbar von Maxwell herrührt.

[2]) Kapp, Dynamomaschinen, 1904, S. 38; und Benischke, Die wissenschaftlichen Grundlagen der Elektrotechnik, Berlin 1907, S. 177.

[3]) M. Vogelsang, „Über Bremselektromagnete für Gleichstrom". ETZ. 1901, S. 175. W. Benecke, ETZ. 1901, S. 542.

[4]) W. Kaufmann, Müller-Pouillets Lehrbuch der Physik, Bd. IV, 1 (Braunschweig 1909) S. 85.

bracht denken. Die wirksame Zugkraft in einer bestimmten Richtung wäre dann die Summe der Komponenten aller Einzelkräfte in dieser Richtung. Dabei tragen also alle diejenigen Einzelkräfte, welche senkrecht zur Bewegungsrichtung des Kernes liegen, nicht zur Zugkraftbildung bei, d. h. für die Berechnung der Zugkraft kommen nur die Eisenflächen in Betracht, die entweder senkrecht zur Zugkraftrichtung stehen oder einen Winkel mit ihr bilden. Da nun ferner nach dem Prinzip von Wirkung und Gegenwirkung die auf den beweglichen Kern und die auf den festen Polschuh wirkenden Kräfte einander gleich sein müssen, die Kraftlinien sich aber infolge der verschiedenen geometrischen Formen auf den Oberflächen der beiden Pole verschieden ausbreiten und verteilen werden, so müssen zur Berechnung der Zugkraft verschieden große Eisenoberflächen und Kraftflüsse in die Formel eingesetzt werden, je nachdem die Zugkraft für den Kern oder für das Magnetgehäuse berechnet werden soll. Die resultierende Gesamtzugkraft muß natürlich in beiden Fällen die gleiche sein.

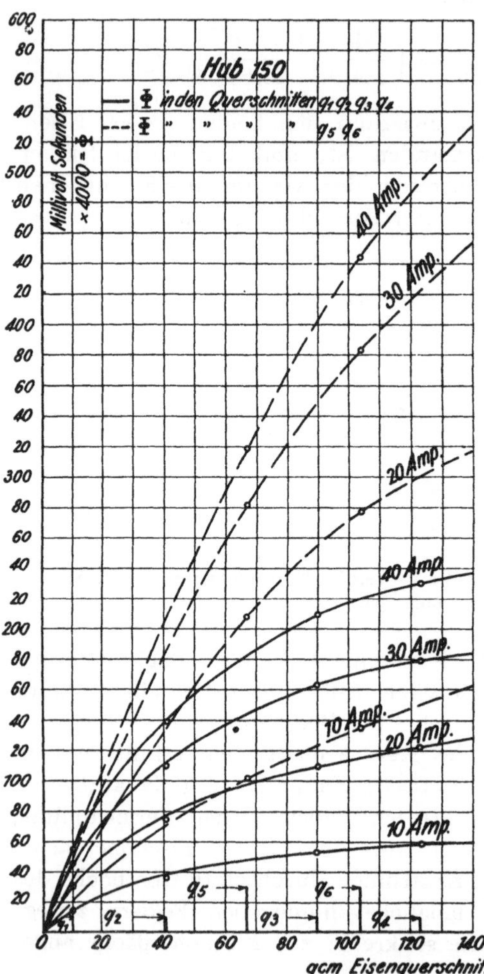

Fig. 61. Abhängigkeit der Kraftflüsse im festen und im beweglichen Kegel von den Eisenquerschnitten für 150 mm Hub.

Bei dem untersuchten Magneten kommen demnach für die Berechnung der Zugkraft des Kernes nur die Kegelflächen F_2 bis F_5, Fig. 60 und die Kreisfläche F_1 an der Spitze in Betracht. Da der Kegelwinkel 2×30^0 beträgt, so werden die in die Zugrichtung fallenden Komponenten halb so groß wie die Normalkräfte auf der Kegelfläche, während die Zugkraft der Kreisfläche an der Kegelspitze mit ihrem ganzen Betrage in Rechnung zu setzen ist.

Aus den Versuchen sind nun die zu diesen Flächenteilen gehörenden

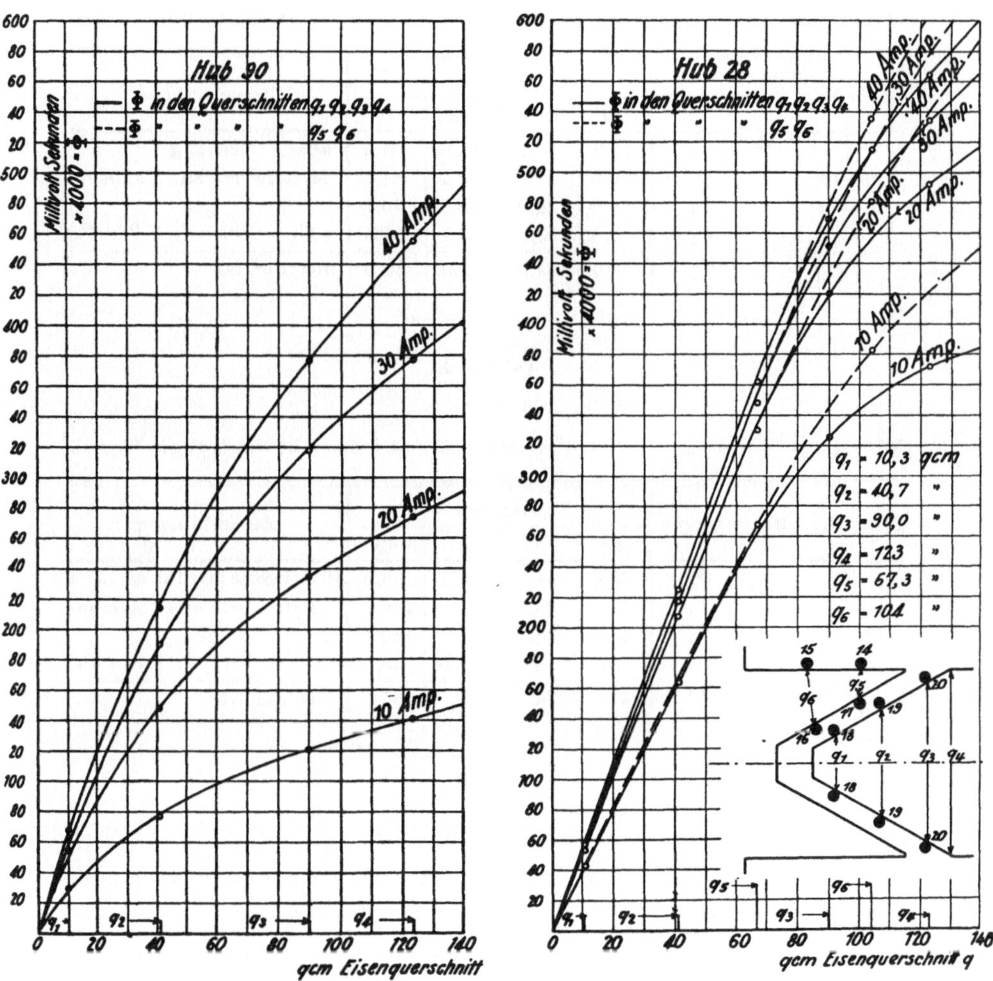

Fig. 62. Abhängigkeit des Kraftflusses im beweglichen Kegel vom Eisenquerschnitt, für 90 mm Hub.

Fig. 63. Abhängigkeit der Kraftflüsse im festen und im beweglichen Kegel von den Eisenquerschnitten, für 28 mm Hub.

Kraftflüsse nur zum Teil gegeben, und zwar unmittelbar nur die Kraftflüsse der Flächen F_3 und F_4 und unter Zuhilfenahme des früher ermittelten Kraftflusses Φ_L (vgl. Fig. 50 bis 52) auch der Kraftfluß der Fläche F_5. Darüber, wie sich der Kraftfluß der Spule 18 auf die beiden

Tabelle 8.

Hub 150.

Mittelwerte der Kraftflüsse (in MV-Sek.) auf dem beweglichen Kegel.

Spule Nr.	Bezeichnung	Ampere				Bemerkungen
		10	20	30	40	
18	$\Phi_1 + \Phi_2 =$	15,0	30,9	44,9	54,4	aus 1 Messung
19—18	$\Phi_3 =$	20,6	43,2	65,2	84,5	Mittelwerte aus 3 Messungen
20—19	$\Phi_4 =$	16,8	34,9	52,8	70,6	
—	$\Phi_5 =$	5,6	13,0	16,1	20,5	$= \Phi_L - (\Phi_1 + \Phi_2 + \Phi_3 + \Phi_4)$
—	$\Sigma \Phi = \Phi_L =$	58,0	122,0	179,0	230,0	aus Fig. 50.

Tabelle 9.

Hub 90.

Mittelwerte der Kraftflüsse (in MV-Sek.) auf dem beweglichen Kegel.

Spule Nr.	Bezeichnung	Ampere				Bemerkungen
		10	20	30	40	
18	$\Phi_1 + \Phi_2 =$	29,5	54,7	63,1	68,0	Mittelwerte aus 2 Messungen
19—18	$\Phi_3 =$	47,4	93,1	127	146	Mittelwerte aus 3 Messungen
20—19	$\Phi_4 =$	43,9	86,8	128	163	
—	$\Phi_5 =$	20,2	39,4	58,9	78	$= \Phi_L - (\Phi_1 + \Phi_2 + \Phi_3 + \Phi_4)$
—	$\Sigma \Phi = \Phi_L =$	141	274	377	455	aus Fig. 51.

Tabelle 10.

Hub. 28.

Mittelwerte der Kraftflüsse (in MV-Sek.) auf dem beweglichen Kegel.

Spule Nr.	Bezeichnung	Ampere				Bemerkungen
		10	20	30	40	
18	$\Phi_1 + \Phi_2 =$	43,0	53,0	55,3	57,3	Mittelwerte aus 3 Messungen, s. Tab. 2
19—18	$\Phi_3 =$	120	154	162	168	Mittelwerte aus 2 Messungen, s. Tab. 2
20—19	$\Phi_4 =$	163	213	234	244	Mittelwerte aus 4 Messungen, s. Tab. 3
—	$\Phi_5 =$	46,0	72,0	83,7	95,7	$= \Phi_L - (\Phi_1 + \Phi_2 + \Phi_3 + \Phi_4)$
—	$\Sigma \Phi = \Phi_L =$	372	492	535	565	aus Fig. 52.

Flächen F_1 und F_2 verteilt, können die Versuche nichts aussagen. Trägt man aber, Fig. 61 bis 63, die Kraftflüsse der Prüfspulen 18, 19, 20, 14—17 und 15—16 (s. Fig. 63 Skizze) für verschiedene Stromstärken in Abhängigkeit von den eingeschlossenen Eisenquerschnitten auf und verbindet die erhaltenen Punkte durch Kurven, so zeigt sich, daß diese Kurven zwischen dem Koordinatenanfang und den ersten für den Querschnitt q_1 aufgetragenen Punkten fast geradlinig verlaufen, und zwar bei allen drei Stellungen des Kernes, d. h. also, der Kraftfluß ist hier mit großer Annäherung proportional dem Eisenquerschnitt zu setzen.

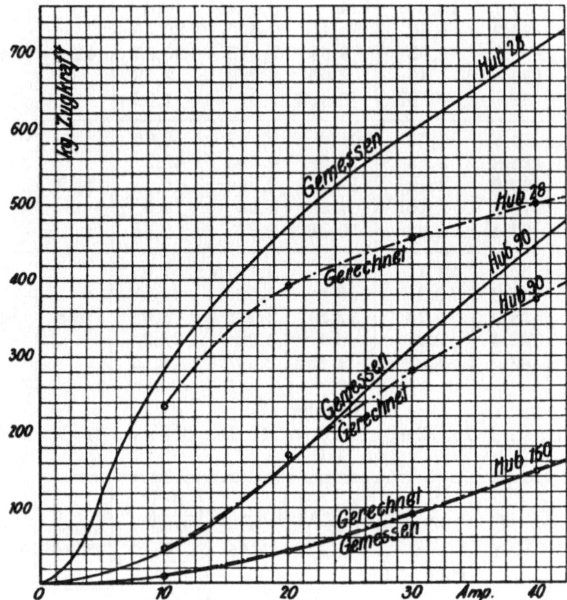

Fig. 64. Vergleich der gemessenen mit den nach der Maxwellschen Formel berechneten Zugkräften.

Da nun der zu Spule 18 gehörige Eisenquerschnitt $q_1 = 10{,}3$ qcm beträgt, und der Querschnitt an der Kegelspitze gleich dem Flächeninhalt der Kreisfläche, also 3,14 qcm ist, so verteilt sich der Kraftfluß der Spule 18 im Verhältnis von 3,14/10,3 bzw. 7,16/10,3 auf die Flächen F_1 bzw. F_2.

Mit Hilfe der aus den verschiedenen Messungen sich ergebenden und in den Tabellen 8, 9 und 10 wiedergegebenen Mittelwerten der Kraftflüsse ist dann die Berechnung der Zugkräfte für die drei Hübe 150, 90 und 28 mm und verschiedene Stromstärken in den Tabellen 11, 12 und 13 durchgeführt und die gerechneten Zugkräfte zusammen mit den gemessenen in Fig. 64 graphisch aufgetragen. Die Übereinstimmung

Tabelle 11.

Berechnung der Zugkraft nach der Maxwellschen Formel.
Hub 150.

Amp.	Fläche	qcm	$\frac{\Phi}{1000}$	$\frac{B}{1000} = \frac{\Phi}{1000 \times F}$	$\left(\frac{B}{1000}\right)^2$	$\frac{F}{24,65}$	$\left(\frac{B}{1000}\right)^2 \times \frac{F}{24,65} = z$	Z Gerechnet kg	Z Gemessen kg	Abweichung %
	F_1	3,14	18,3	5,83	34,0	0,1275	4,34			
	F_2	14,65	41,7	2,85	8,12	0,595	4,83			
10	F_3	59	82,4	1,395	1,95	2,395	4,67	10,14	10	+ 1,4
	F_4	97,5	67,2	0,69	0,475	3,96	1,88			
	F_5	65,7	22,4	0,341	0,116	2,67	0,21			
	F_1	3,14	37,7	12,0	124	0,1275	15,8			
	F_2	14,65	85,9	5,86	34,4	0,595	20,45			
20	F_3	59	172,8	2,93	8,59	2,395	20,55	41,2	42	— 1,9
	F_4	97,5	139,6	1,43	2,05	3,96	8,12			
	F_5	65,7	52	0,792	0,628	2,67	1,68			
	F_1	3,14	54,8	17,45	304	0,1275	38,75			
	F_2	14,65	124,8	8,53	72,6	0,595	43,2			
30	F_3	59	260,8	4,42	19,5	2,395	46,8	94,9	91	+ 4,1
	F_4	97,5	211,2	2,165	4,69	3,96	19,6			
	F_5	65,7	64,4	0,98	0,96	2,67	2,56			
	F_1	3,14	66,4	21,1	447	0,1275	57,0			
	F_2	14,65	151,2	10,3	106,5	0,595	63,4			
40	F_3	59	338,0	5,73	32,8	2,395	78,6	146,8	146	+ 0,6
	F_4	97,5	282,4	2,9	8,4	3,96	33,3			
	F_5	65,7	82	1,25	1,555	2,67	4,15			

Tabelle 12.

Berechnung der Zugkraft nach der Maxwellschen Formel.
Hub 90.

Amp.	Fläche	qcm	$\frac{\Phi}{1000}$	$\frac{B}{1000} = \frac{\Phi}{1000 \times F}$	$\left(\frac{B}{1000}\right)^2$	$\frac{F}{24,65}$	$\left(\frac{B}{1000}\right)^2 \times \frac{F}{24,65} = z$	Z Gerechnet kg	Z gemessen kg	Abweichung %
	F_1	3,14	36	11,46	131,3	0,1275	16,75			
	F_2	14,65	82	5,59	31,3	0,595	18,62			
10	F_3	59	189,6	3,22	10,34	2,395	24,8	46,9	43	+ 8,3
	F_4	97,5	175,6	1,8	3,24	3,96	12,84			
	F_5	65,7	80,8	1,23	1,51	2,67	4,04			
	F_1	3,14	66,8	21,3	452	0,1275	57,7			
	F_2	14,65	152	10,38	107,5	0,595	64,0			
20	F_3	59	372,4	6,32	39,9	2,395	95,6	169,0	158	+ 6,5
	F_4	97,5	347,2	3,56	12,7	3,96	50,3			
	F_5	65,7	157,6	2,4	4,76	2,67	12,7			
	F_1	3,14	77	24,5	601	0,1275	76,7			
	F_2	14,65	175,4	11,97	143,2	0,595	85,3			
30	F_3	59	508	8,62	74,3	2,395	178	280,2	309	— 10,3
	F_4	97,5	512	5,26	27,6	3,96	109,2			
	F_5	65,7	235,6	3,59	12,86	2,67	34,4			
	F_1	3,14	83	26,4	698	0,1275	89			
	F_2	14,65	189	12,9	166,4	0,595	99			
40	F_3	59	584	9,9	98,1	2,395	235	374,7	444	— 18,5
	F_4	97,5	652	6,68	44,7	3,96	177			
	F_5	65,7	312	4,76	22,6	2,67	60,3			

Tabelle 13.
Berechnung der Zugkraft nach der Maxwellschen Formel.
Hub 28.

Amp.	Fläche	qcm	$\frac{\Phi}{1000}$	$\frac{B}{1000} = \frac{\Phi}{1000 \times F}$	$\left(\frac{B}{1000}\right)^2$	$\frac{F}{24{,}65}$	$\left(\frac{B}{1000}\right)^2 \times \frac{F}{24{,}65} = z$	Z Gerechnet kg	Z Gemessen kg	Abweichung %
	F_1	3,14	52,5	16,7	279	0,1275	35,6			
	F_2	14,65	119,5	8,17	66,7	0,595	39,7			
10	F_3	59	480	8,14	66,2	2,395	158,5	233,7	280	— 19,8
	F_4	97,5	652	6,69	44,7	3,96	177			
	F_5	65,7	184	2,8	7,85	2,67	20,9			
	F_1	3,14	64,7	20,6	424	0,1275	54,2			
	F_2	14,65	147,3	10,05	101	0,595	60,1			
20	F_3	59	616	10,44	109	2,395	261	391,7	470	— 20
	F_4	97,5	852	8,74	76,4	3,96	302,5			
	F_5	65,7	288	4,38	19,2	2,67	51,3			
	F_1	3,14	67,5	21,5	462	0,1275	59			
	F_2	14,65	153,7	10,5	110	0,595	65,5			
30	F_3	59	648	10,98	120,5	2,395	289	453,5	596	— 31,4
	F_4	97,5	936	9,6	92,2	3,96	365			
	F_5	65,7	334,8	5,1	26	2,67	69,4			
	F_1	3,14	69,9	22,25	495	0,1275	63,1			
	F_2	14,65	159,3	10,88	118,4	0,595	70,5			
40	F_3	59	672	11,39	129,6	2,395	310,5	499,4	703	— 40,8
	F_4	97,5	976	10,0	100	3,96	396			
	F_5	65,7	382,8	5,98	35,8	2,67	95,6			

zwischen Rechnung und Messung ist bei Hub 150 für alle Stromstärken eine gute, dagegen sind bei Hub 90 von 20 Ampere ab und bei Hub 28 alle gerechneten Zugkräfte zu klein [1]), und zwar nimmt, vgl. Tabelle 12 und 13, der prozentuale Fehler mit zunehmender Stromstärke zu.

Dieses außerordentlich merkwürdige Resultat überrascht um so mehr, als man aus den Bedingungen, unter denen die Maxwellsche Formel Gültigkeit hat, gerade das Gegenteil schließen sollte. Zunächst sollte man mit Rücksicht darauf, daß bei Hub 28 sicher die Bedingung eines kleinen Abstandes der Eisenflächen im Verhältnis zu ihrer Ausdehnung besser erfüllt ist wie bei Hub 150, erwarten, daß die Maxwellsche Formel für Hub 28 genauere Werte liefert wie bei Hub 150. Dabei ist jedoch zu berücksichtigen, daß der Abstand der Eisenflächen, senkrecht zu den Flächen gemessen, immerhin noch 14 mm beträgt, es also nicht ausgeschlossen ist, daß die Maxwellsche Formel bei noch kleineren Abständen auch bei Kegelflächen brauchbare Werte ergibt. Ferner zeigt sich, daß das Feld (s. Tab. 11 bis 13, Werte für B/1000) auf der Kegelober-

[1]) Wegen dieser Unstimmigkeit wurden die bei Hub 28 in Frage kommenden Messungen noch einmal wiederholt, sie ergaben aber dieselben Werte.

fläche bei Hub 28 entschieden homogener wie bei Hub 150 ist, also auch diese Tatsache gegen das Resultat spricht. Natürlich sind hier die berechneten Sättigungen nur ideelle Mittelwerte, in Wirklichkeit werden die Kraftlinien sich so verteilen, daß die Sättigung sich stetig ändert, es müßten also eigentlich statt der Quadrate der Mittelwerte die Mittelwerte der Quadrate der Sättigung in die Rechnung eingesetzt werden; da aber die Unterteilung der ganzen Fläche in 5 Einzelflächen schon hinreichend fein ist, so konnte eine graphisch durchgeführte Methode, welche die stetige Änderung der Sättigung berücksichtigt, auch nicht zum Ziele führen. Der Grund der schlechten Übereinstimmung kann demnach nur darin liegen, daß die letzte Bedingung für die Gültigkeit der Formel, nämlich der senkrechte Eintritt der Kraftlinien in die Eisenoberfläche

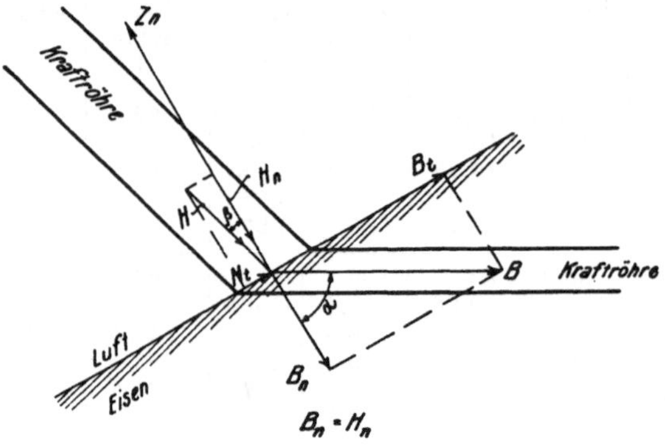

Fig. 65.

bei Hub 28 **nicht** erfüllt ist. Da nun die **Maxwell**sche Formel das schiefe Auftreffen der Kraftlinien auf die Eisenoberfläche nicht berücksichtigt, so erklärt sich auch ihre Unzulänglichkeit für diesen Fall. Aus dem vorhandenen Versuchsmaterial lassen sich aber leider keine allgemeinen Schlüsse über den Gleichgültigkeitsbereich dieser Formel ziehen, auch nicht, wie ein Vergleich der Tabellen 11 bis 13 lehrt, bezüglich bestimmter Sättigungen, bis zu denen sie anwendbar ist [1]).

Alle Zugkraftberechnungen von Hubmagneten, welche einen senkrechten Übertritt der Kraftlinien von einer Kegelfläche zur anderen und die Gültigkeit der **Maxwell**schen Formel zur Voraussetzung haben, können nur dann richtige Werte der Zugkraft liefern, wenn die Kraftlinien tatsächlich senkrecht auf die Eisenoberfläche auftreffen, was, wie die Versuche zeigen, nur bei großem Hub der Fall ist.

---

[1]) Es wäre eine dankbare Aufgabe, den Gültigkeitsbereich der **Maxwell**schen Formel an einem Magneten von einfacher geometrischer Form für ebene und gerade und ebene schiefe Flächen festzustellen, und zwar möglichst für Gleich- und Wechselstrom.

Außer dieser Maxwellschen ist noch eine andere Formel für die Zugkraft abgeleitet worden [1]), die allgemein Gültigkeit hat, also auch dann, wenn die Kraftlinien schief auf die Eisenoberfläche auftreffen; sie lautet:

$$Z_n = \frac{B_n^2}{8\pi} \frac{F}{981\,000} \left(\frac{\mu - 1}{\mu}\right) \cdot \left[1 + \mu \left(\frac{H_t}{B_n}\right)^2\right] \text{kg}.$$

Darin bedeutet, s. Fig. 65:

Z_n die Zugkraft senkrecht zur Eisenoberfläche,

B_n die Normalkomponente der Eisensättigung $= \frac{\Phi}{F}$,

H_t die Tangentialkomponente der Induktion in Luft, d. h. die Komponente, welche in die Eisenoberfläche fällt.

Führt man nach Fig. 65

$$\operatorname{tg} \beta = \frac{H_t}{H_n} = \frac{H_t}{B_n} = \frac{\operatorname{tg} \alpha}{\mu}$$

in die Gleichung ein, so erhält man:

$$Z_n = \frac{B_n^2}{8\pi} \frac{F}{981\,000} \left(\frac{\mu - 1}{\mu}\right) \cdot \left(1 + \mu \operatorname{tg}^2 \beta\right) \text{kg}.$$

Ein Vergleich dieser Formel mit der Maxwellschen läßt erkennen, daß das Produkt:

$$\left(\frac{\mu - 1}{\mu}\right) \cdot \left(1 + \mu \operatorname{tg}^2 \beta\right) = \left(\frac{\mu - 1}{\mu}\right) \cdot \left(1 + \frac{1}{\mu} \operatorname{tg}^2 \alpha\right)$$

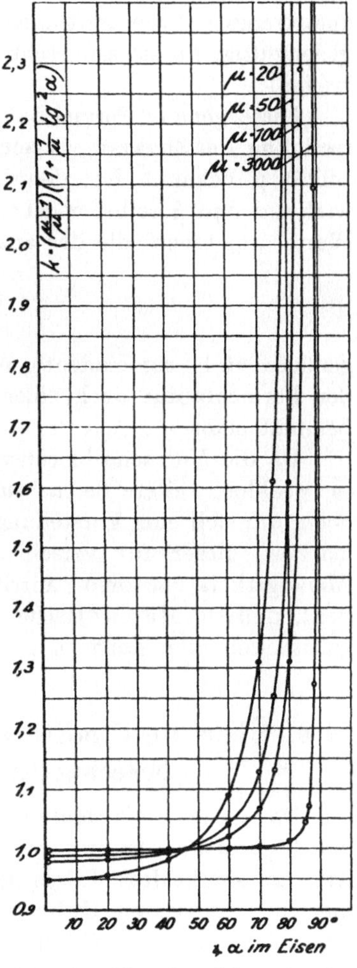

Fig. 66. Korrekturfaktor k der Maxwellschen Formel für verschiedene Permeabilitäten μ in Abhängigkeit vom Brechungswinkel α der Kraftlinien im Eisen.

als Korrekturfaktor für die Maxwellsche Formel aufzufassen ist, der den schrägen Eintritt der Kraftlinien in die Eisenoberfläche berücksichtigt.

[1]) W. Kaufmann, Müller-Pouillets Lehrbuch der Physik, Bd. IV, 1 (Braunschweig 1909), S. 87.

Da nun dem Sinne dieser Formel nach die magnetische Zugkraft immer senkrecht zur Eisenoberfläche wirkt, so können bei dem untersuchten Magneten die aus der Zylinderoberfläche des beweglichen Kernes austretenden Streukraftlinien nicht zur Zugkraftbildnug beitragen, gleichgültig, ob sie senkrecht oder schief auf die Eisenoberfläche auftreffen.

Diese genaue Formel hat nur theoretisches Interesse, und eine Berechnung der Zugkraft ist selbst dann nicht möglich, wenn die Permeabilität μ bekannt ist; denn damit sind noch nicht die Brechungswinkel α und β selbst gegeben, diese können vielmehr unendlich viele Werte annehmen, die der außerdem zu erfüllenden Bedingung:

$$\mu = \frac{\operatorname{tg}\alpha}{\operatorname{tg}\beta}$$

genügen, d. h. zur eindeutigen Berechnung der Zugkraft müßte außer der Permeabilität auch einer der beiden Brechungswinkel α oder β bekannt sein.

Da die Versuche hierüber keinen Aufschluß geben können, so ist es zwecklos, weitere Betrachtungen anzuschließen [1]). In Fig. 66 ist nur noch, um sich eine Vorstellung von der Größe des Korrekturfaktors zu machen, dieser für verschiedene angenommene Permeabilitäten in Abhängigkeit von dem Eintrittswinkel α im Eisen aufgetragen. Man sieht, daß die Maxwellsche Formel im allgemeinen zu kleine, unter Umständen aber auch zu große Werte liefern muß.

6. Über die Ermittlung der Zugkraftkurven aus den berechneten Kraftflußwindungen.

Da es für den Neuentwurf eines Zugmagneten von Wichtigkeit ist, die Zugkraftkurven im voraus bestimmen zu können, die einfachste Art, die Zugkräfte mittels der Maxwellschen Formel zu berechnen, hier aber bei kleinem Hub versagt, so soll im folgenden die rechnerische Ermittlung der Zugkraftkurven für den untersuchten Magneten mit Hilfe des Cohnschen Verfahrens versucht, und dabei das Versuchsmaterial nur so weit benutzt werden, als es unumgänglich nötig ist. An Hand dieser Rechnung lassen sich dann die Zugkraftkurven für einen neu zu entwerfenden Magneten ähnlicher Form mit einiger Annäherung ermitteln. Dabei ist nicht zu vergessen, daß die Genauigkeit der berechneten Kraftflußwindungen noch kein Maß für die Genauigkeit der daraus erhaltenen Zugkräfte ist, weil es sich bei der Bestimmung der Zugkräfte

---

[1]) S. auch F. Emde, „Die mechanischen Kräfte magnetischen Ursprungs". EKB. 1910, S. 550.

Tabelle 14.

Berechnung der Kraftflußwindungen.

	Hub 0					Hub 28				Hub 90				Hub 150			
	$l_1 = 15{,}5$					$\lambda_{L1} = 134{,}9$ $l_1 = 12{,}7$				$\lambda_{L1} = 38{,}1$ $l_1 = 6{,}5$				$\lambda_{L1} = 17{,}9$ $l_1 = 0{,}5$			
Φ_L . . . . $= 10^3 \times$	1 515	1 990	2 160	2 255	2 265	1 488	1 968	2 140	2 260	564	1 096	1 508	1 820	232	488	716	920
$\sigma = \Phi_E/\Phi_L$ . . . . . $=$	1,09	1,09	1,09	1,09	1,09	1,11	1,10	1,099	1,09	1,24	1,23	1,20	1,15	1,58	1,56	1,50	1,41
$\Phi_E = \sigma . \Phi_L$ . . $= 10^3 \times$	1 652	2 168	2 352	2 455	2 472	1 652	2 168	2 352	2 472	700	1 350	1 810	2 090	367,2	760,4	1076	1 304
$B_1 = \Phi_E/122{,}5$ . . . . $=$	13 500	17 700	19 200	20 050	20 100	13 500	17 700	19 200	20 100	5720	11 000	14 800	17 050	3000	6220	8800	1 020
$B_2 = \Phi_E/207$ . . . . . $=$	8 000	10 450	11 350	11 850	11 900	8 000	10 450	11 350	11 900	3380	6 530	8 750	10 100	1770	3680	5200	6 300
$B_3 = \Phi_E/116{,}5$ . . . . $=$	14 200	18 600	20 200	21 100	21 200	14 200	18 600	20 200	21 200	6000	11 600	15 500	17 900	3150	6530	9250	11 200
$B_4 = \Phi_E/109$ . . . . . $=$	15 150	19 900	21 600	22 500	22 650	15 150	19 900	21 600	22 650	6430	12 400	16 600	19 200	3370	6980	9880	12 000
$a\,w_1$/cm . . . . $=$	12,5	81	153	205	212	12,5	81	153	212	3	7	19,5	60	1,8	3,1	4,8	6,1
$a\,w_2$/cm . . . . $=$	4,2	6,3	7,5	8,3	8,3	4,2	6,3	7,5	8,3	2	3,4	4,7	6	1,4	2,1	2,6	3,2
$a\,w_3$/cm . . . . $=$	15,5	121	219	310	320	15,5	121	219	320	3	7,8	26	90	1,9	3,4	5,1	7,3
$a\,w_4$/cm . . . . $=$	22,5	198	389	900?	1100?	22,5	198	389	1100?	3,2	9,4	45,5	152	2,0	3,5	5,7	8,5
$AW_1 = a\,w_1 . l_1$ . . . . $=$	194	1255	2 370	3 180	3 290	159	1 030	1 945	2 690	19,5	45,5	127	397	1,0	1,6	2,4	3,1
$AW_2 = a\,w_2 . l_2$ . . . . $=$	47	71	84	93	93	47	71	84	95	22,4	38,1	52,7	67,3	15,7	23,5	29,2	36
$AW_3 = a\,w_3 . l_3$ . . . . $=$	510	3980	7 200	10 200	10 500	510	3 980	7 200	10 500	98,7	257	855	2 970	62,5	112	165	240
$AW_4 = a\,w_4 . l_4$ . . . . $=$	299	2640	5 180	11 990	14 650	299	2 640	5 180	14 700	42,5	125	605	2 020	26,6	46,6	76	113
$AW_{L1} = 0{,}8\,\Phi_L/\lambda_{L1}$ . . $=$	—	—	—	—	—	8 830	11 690	12 700	13 400	11800	23000	31600	38 200	10360.	21800	32000	41100
$AW_{L2} = 0{,}8\,\Phi_E l_{L2}/q_{L2}$. $=$	295	387	420	438	441	295	387	420	441	125	241	323	373	65,5	136	192	233
Σ A W . . . . $=$	1345	8333	15 254	25 901	28 974	10 140	19 411	27 529	41 824	12 108	23 707	33 563	44 027	10 531	22 119	32 465	41 725
$J = \Sigma$ A W/1088 . . . $=$	1,24	7,65	14,0	23,8	26,6	9,35	17,9	25,3	38,5	11,15	21,8	30,9	40,5	9,7	20,3	29,9	38,4
$\int d(n\Phi) = \frac{\Phi_L + \Phi_E}{2} \times$ $\times$ 1088 . . . $= 10^8 \times$	17,2	22,6	24,5	25,6	25,8	17,1	22,5	24,4	25,8	6,88	13,3	18,0	21,25	3,26	6,78	9,75	12,1
Gemessen: J $=$	—	—	—	—	—	10	20	30	40	10	20	30	40	10	20	30	40
Gemessen: $\int d(n\Phi) = 10^8 \times$	—	—	—	—	—	17,54	22,91	24,81	26,11	—	—	—	—	3,58	7,43	10,52	12,71

um die Ermittlung eingeschlossener Flächen handelt. Die Rechnung wird dann zeigen, daß vielfach in der Literatur übliche vereinfachende Annahmen, daß z. B. die A. W. für Eisen zu vernachlässigen sind, oder daß die Kraftflußwindungen gleich Kraftfluß im Kern mal Windungszahl der Magnetspule, für praktische Fälle durchaus unzulässig sind.

Da die früher ermittelten Streukoeffizienten die örtliche Verteilung. der Kraftlinien im Eisen berücksichtigen, so lassen sich die Kraftflußwindungen aus dem Kraftfluß Φ_L in Luft und dem mittleren Kraft-

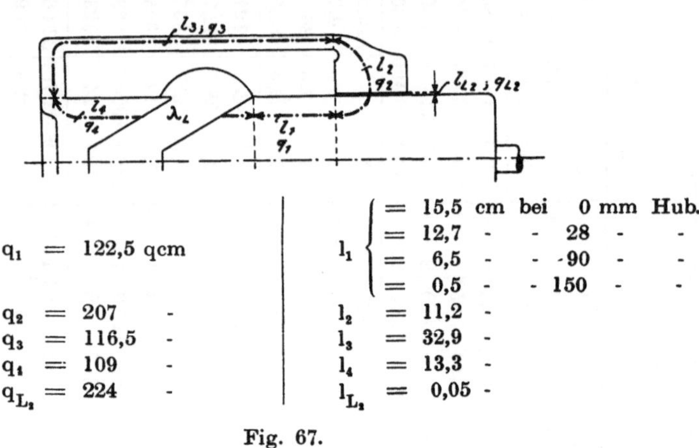

q_1 = 122,5 qcm		l_1	= 15,5 cm bei 0 mm Hub.
			= 12,7 - - 28 - -
			= 6,5 - - 90 - -
			= 0,5 - - 150 - -
q_2 = 207 -		l_2	= 11,2 -
q_3 = 116,5 -		l_3	= 32,9 -
q_4 = 109 -		l_4	= 13,3 -
q_{L_2} = 224 -		l_{L_2}	= 0,05 -

Fig. 67.

fluß Φ_E im Eisen berechnen, ohne den Verlauf der Streukraftlinien zu kennen, und zwar kann man mit Annäherung setzen:

$$\int d\,(n\,\Phi) = n\,\frac{\Phi_L + \Phi_E}{2},$$

wobei sich um so genauere Werte ergeben, je kleiner der Hub ist, weil einesteils bei kleinem Hub der Kraftfluß Φ_L weniger tief in die Magnetisierungsspule eindringt, also auch mit fast den gesamten Windungen verkettet ist, und andrerseits der Streukoeffizient kleiner ist. Danach handelt es sich also darum, die magnetischen Charakteristiken, ähnlich wie bei Maschinen, für verschiedene Stellungen des Kernes zu berechnen. Die Rechnung ist in Tabelle 14 für die 4 Hübe 0, 28, 90 und 150 mm mit Hilfe der in Fig. 67 angegebenen Bezeichnungen durchgeführt. Dabei sind die beiden Kegelstücke, der Kegel des beweglichen und der Konus des festen Kernes, zusammenhängend gedacht und ein mittlerer Querschnitt aus in gleichen Abständen gemessenen Querschnitten in Rechnung gesetzt, und zwar mit der Begründung, daß, wie früher festgestellt (vergl. Fig. 63), bei kleinem Hub der Kraftfluß proportional dem Eisenquerschnitt, also die mittlere Sättigung annähernd konstant ist;

bei großem Hub (Fig. 61) ist dies allerdings nicht der Fall, der hierdurch verursachte Fehler spielt aber keine Rolle, weil fast sämtliche A.W. für die Luft aufzuwenden sind. Die Leitfähigkeiten des Luftraumes ergeben sich aus Fig. 68 unter Berücksichtigung, daß die Leitfähigkeit der äußersten die Spule durchsetzenden Kraftröhre im Verhältnis der mit ihr ver-

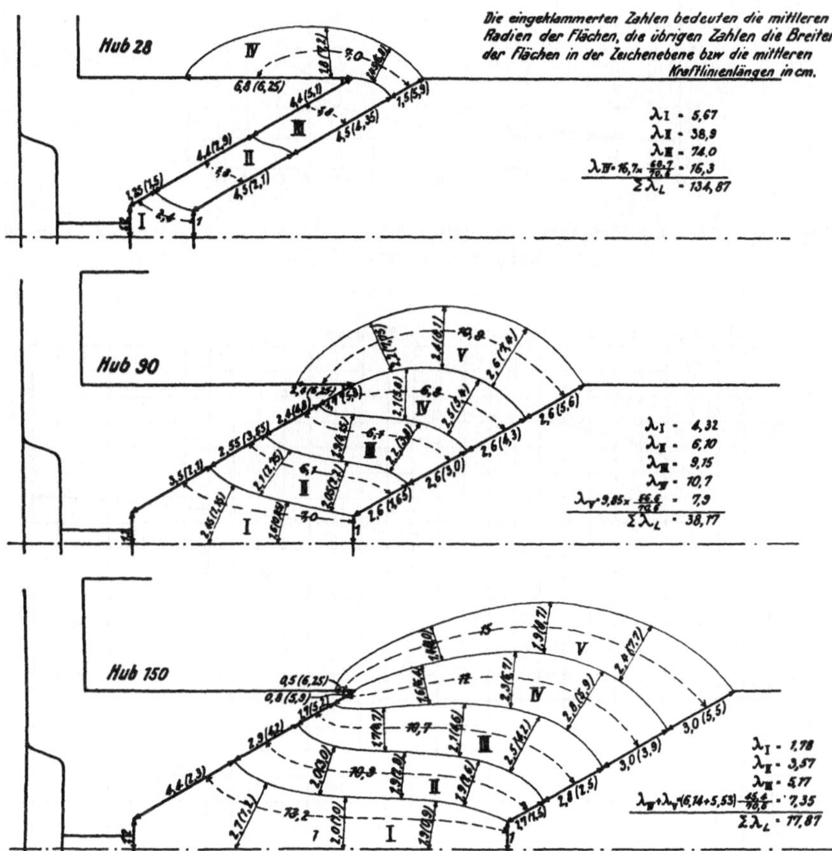

Fig. 68. Entwurf von Kraftröhrenbildern für 28; 90 und 150 mm Hub zur Bestimmung der Leitfähigkeiten $\Sigma\,\lambda_L$ des Luftraumes.

schlungenen Windungszahl zur Gesamtwindungszahl zu verkleinern ist. Dabei ist die in Wirklichkeit veränderliche Leitfähigkeit des Luftraumes bei Hub 28 der Einfachheit halber als konstant angenommen. Die nicht ermittelten Streukoeffizienten für Hub 0 und 90 sind aus Fig. 69 durch Interpolation gewonnen. Die erforderlichen A.W. für Eisen lassen sich dann mit Annahme verschiedener Kraftflüsse Φ_L und

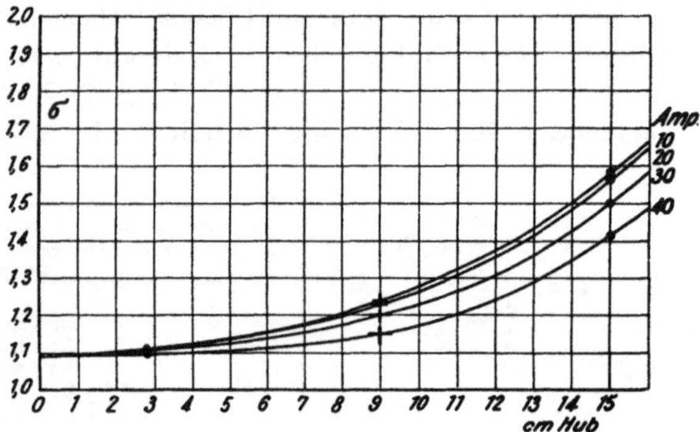

Fig. 69. Streukoeffizienten für verschiedene Magnetisierungsstromstärken in Abhängigkeit vom Hub.

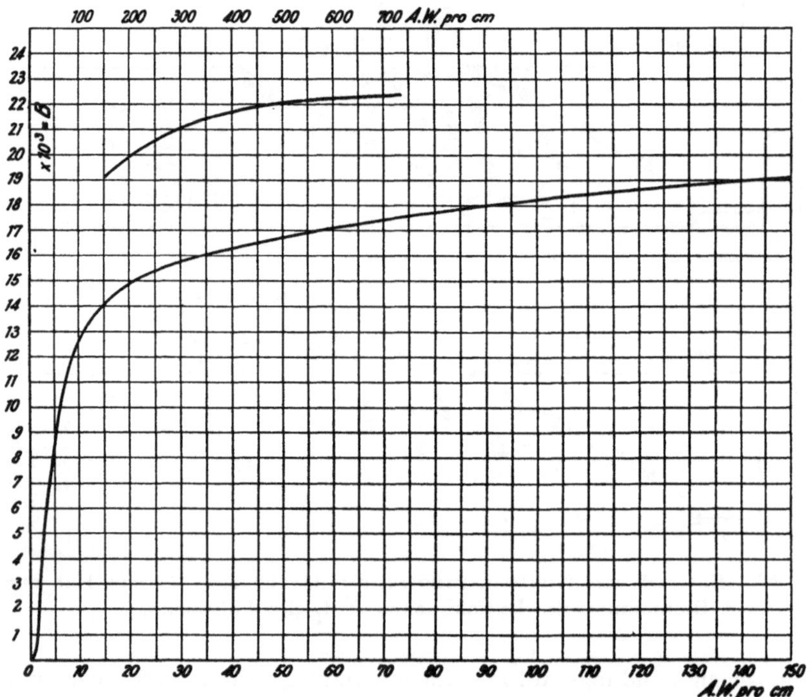

Fig. 70. Magnetisierungskurve für Stahlguß (G. Krautheim).

daraus berechneter Kraftflüsse Φ_E mit Hilfe der Magnetisierungskurve Fig. 70 ermitteln. Da bei Hub 28, 90 und 150 die früher aus den Fig. 50 bis 52 gefundenen Kraftflüsse Φ_L unmittelbar in die Rechnung eingesetzt sind, so ergibt sich aus dem Vergleich der gerechneten Stromstärken

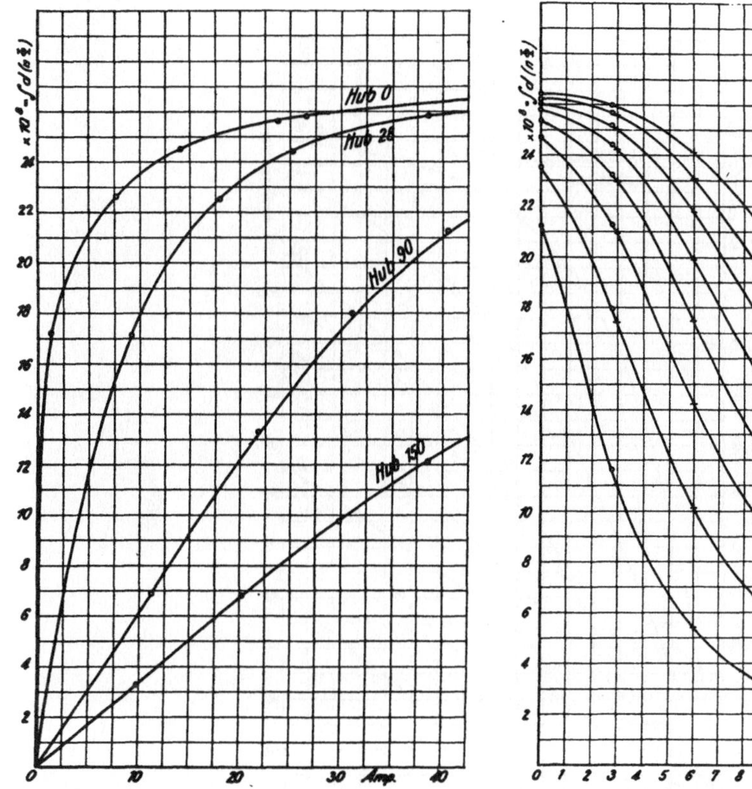

Fig. 71. Berechnete Kraftflußwindungen für 0; 28; 90 und 150 mm Hub in Abhängigkeit vom Magnetisierungsstrom.

Fig. 72. Aus Fig. 71 entnommene Werte der Kraftflußwindungen für 5; 10; 15 usw. Amp. in Abhängigkeit vom Hub aufgetragen.

und Kraftflußwindungen mit den gemessenen eine gute Kontrolle; diese gemessenen Werte sind in Tabelle 14 unten gesondert eingetragen.

Aus den berechneten 4 Kurven der Kraftflußwindungen Fig. 71 lassen sich nun weiter die Werte der Kraftflußwindungen für 5, 10, 15, 20 usw. bis 40 Ampere ablesen. Trägt man diese Werte in Abhängigkeit vom Hub auf Fig. 72 (⊙-Punkte) und verbindet die erhaltenen Punkte durch stetige Kurven, die sich der Abszisse asymptotisch nähern, so findet man die entsprechenden Werte der Kraftflußwindungen für jeden beliebigen Hub. Aus dieser Kurvenschar sind dann die Werte für Hub 30, 60, 90 und 150 entnommen und in Abhängigkeit von der Stromstärke aufgetragen, +-Punkte, Fig. 73. Die zwischen je zwei

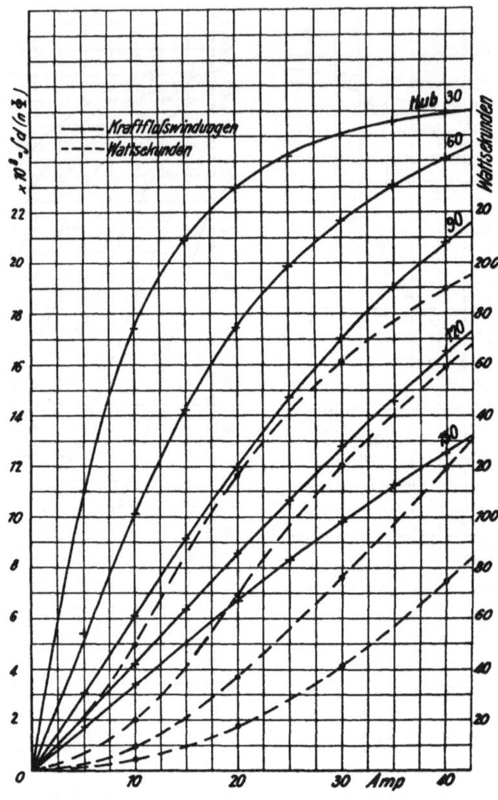

Fig. 73. Aus Fig. 72 entnommene Werte der Kraftflußwindungen für 30; 60; 90; 120 und 150 mm Hub in Abhängigkeit vom Magnetisierungsstrom aufgetragen. Ermittlung der mech. Arbeit (Wattsek) zwischen je zwei Hubintervallen bei konstanten Strom.

Kurven und einem bei einer beliebigen Stromstärke errichteten Lot eingeschlossene Fläche stellt dann nach dem Früheren die mechanische Arbeit dar. Die so erhaltenen mechanischen Arbeiten in Wattsekunden sind in Fig. 73 in Kurvenform punktiert eingezeichnet. Dividiert man die entsprechenden Werte in mkg durch den Hub in m, in vorliegendem Fall durch 0,03, so erhält man den Mittelwert der Zugkraft zwischen dem betrachteten Hubintervall. Diese Werte sind in Fig. 74 in Abhängigkeit vom Hub aufgetragen und durch stark ausgezogene Kurven verbunden, gleichzeitig sind die gemessenen Zugkräfte durch punktierte Kurven dargestellt. Die Übereinstimmung der gerechneten

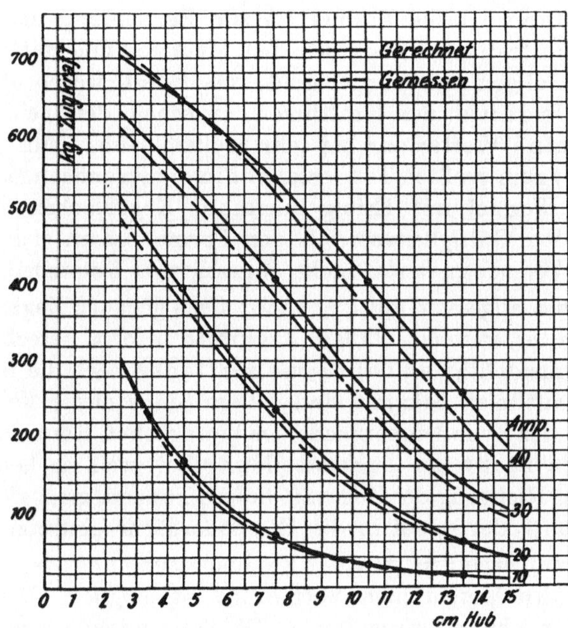

Fig. 74. Aus den mechan. Arbeiten, Fig. 73, sich ergebende Zugkräfte und die gemessenen Zugkräfte.

und der gemessenen Werte ist eine hinreichend gute, namentlich bei kleiner Stromstärke.

So elegant diese Methode auf den ersten Blick scheint, so ist sie doch mit großer Vorsicht zu verwenden; wohl läßt sich die mechanische Arbeit zwischen zwei weit auseinanderliegenden Hüben mit ziemlicher Genauigkeit auch bei roher Rechnung ermitteln, will man aber, wie hier gezeigt, aus der mechanischen Arbeit die Zugkraft bestimmen, so wird man mit größeren Ungenauigkeiten rechnen müssen.

V. Zusammenfassung der Endergebnisse.

Die im Verlauf der Untersuchung gefundenen Ergebnisse lassen sich kurz folgendermaßen zusammenfassen:

1. Die Maxwellsche Formel ist zur Berechnung der zwischen Kegelflächen auftretenden Zugkräfte bei kleineren und mittleren Entfernungen im allgemeinen ungeeignet, sie liefert wegen des nicht senkrechten Übertritts der Kraftlinien zwischen den beiden Eisenflächen zu kleine Werte; nur bei sehr großem Hub, wenn die Kraftlinien alle oder zum größten Teil senkrecht in die Eisenflächen eintreten, läßt sich die Formel mit Erfolg auch auf Kegelflächen anwenden. Grenzen für den Gültigkeitsbereich der Formel lassen sich aus dem vorhandenen Versuchsmaterial nicht einwandsfrei feststellen.

2. Mit der allgemein gültigen theoretisch genauen Zugkraftformel lassen sich in praktischen Fällen Zugkräfte nicht berechnen, weil weder die Permeabilität an der Eisenoberfläche noch die Brechungswinkel der Kraftlinien bekannt sind. Dem Sinne dieser Formel nach tragen die aus der Zylinderoberfläche des beweglichen Kernes austretenden Streulinien nicht zur Zugkraftbildung bei, weil sie keine Kraftkomponente in Richtung der Zugkraft liefern können, ganz gleichgültig, ob sie senkrecht oder schief in die Eisenoberfläche eintreten.

3. Die einigermaßen genaue Vorausbestimmung der Zugkräfte mittels des Cohn-Emdeschen Verfahrens ist möglich. Die Methode ist aber mit Vorsicht zu verwenden [1]). Die Schwierigkeit liegt nicht nur in der hinreichend genauen Ermittlung der erforderlichen Amperewindungen, bei großem Hub hauptsächlich die AW. für den Luftraum, bei kleinem Hub hauptsächlich die AW. für das Eisen, sondern vor allem in der Ermittlung der Kraftflußwindungen, deren Berechnung nicht ohne vorheriges Aufzeichnen exakter Kraftlinienbilder möglich sein wird.

Dagegen läßt sich die zwischen großen Hubintervallen geleistete mechanische Arbeit nach dieser Methode auch bei roher Rechnung mit hinreichender Genauigkeit im voraus bestimmen.

Über die Kraftlinienverteilung ergab sich hauptsächlich folgendes:

4. Bei großem Hub ist die Kraftlinienverteilung bei allen Stromstärken gleichartig. Es lassen sich im wesentlichen drei Kraftflüsse

[1]) Die in der Literatur bis jetzt üblichen Vereinfachungen können im allgemeinen nicht zum Ziel führen und müssen bei dem Unbeteiligten unbedingt den Anschein erwecken, als ob die Ermittlung der Zugkräfte nach dieser Methode keine Schwierigkeit biete. Vgl. E. Jasse, „Über Elektromagnete I“. E. u. M. Wien 1910, S. 833, Einleitung.

unterscheiden (vgl. Fig. 44): ein Hauptkraftfluß, der zwischen den beiden Kegelflächen überströmt, dann ein zweiter kräftiger Streufluß zwischen der Außenfläche des festen Kernes und der Gehäusewand und schließlich ein dritter unbedeutender Streufluß, der vom Gehäusemantel nach dem Schlußjoch für den beweglichen Kern überströmt.

Der Hauptkraftfluß, der zwischen den beiden Kegelflächen verläuft, hat das Bestreben, sich möglichst weit radial nach außen auszubreiten.

Die mittleren Sättigungen in den verschiedenen Querschnitten des Kegels und des Konus sind verschieden, und zwar sind die mittleren Sättigungen in den kleinen Querschnitten am größten und nehmem mit zunehmendem Eisenquerschnitt ab.

5. Bei kleinem Hub ändern sich die Kraftlinienbilder mit dem Strom, und zwar bilden sich mit zunehmender Magnetisierung Wirbel in der Magnetisierungsspule aus, die vorher nicht vorhanden waren.

Bei starker Magnetisierung treten keine Streulinien mehr von der Außenfläche des festen Kernes nach der Gehäusewand über.

Die Kraftlinien, welche von der Kegelfläche des beweglichen Kernes nach der äußeren Zylinderfläche des festen Kernes übergehen, haben das Bestreben, sich mit zunehmender Magnetisierung in axialer Richtung auszudehnen, also Teile des festen Kernes mit größerem Querschnitt zu erreichen. Die Gesamtleitfähigkeit des eingeschlossenen Luftraumes muß sich folglich mit zunehmendem Strom vergrößern.

Die Kraftflüsse in den verschiedenen Querschnitten des Kegels und des Konus sind angenähert proportional den Eisenquerschnitten, also die mittleren Sättigungen in allen Querschnitten gleich.

6. Für alle Stellungen des Kernes gilt folgendes:

Die Sättigung auf der Kegeloberfläche ist nicht konstant, sie nimmt bei großem Hub mehr, bei kleinem Hub weniger von der Spitze nach der Basis des Kegels zu ab.

Bei starker Magnetisierung ist der Kraftfluß in der äußersten Spitze (Spule 18) des beweglichen Kernes annähernd konstant, und zwar unabhängig von der Stellung des Kernes.

7. Der Streukoeffizient erreicht bei großem Hub etwa den Wert 1,6 und nimmt mit zunehmender Magnetisierung bis auf etwa 1,4 ab. Bei kleinem Hub beträgt die Streuung dagegen nur etwa 10 % und ist bei allen Stromstärken nahezu konstant.

Literaturverzeichnis.

E. Cohn: „Das magnetische Feld". Leipzig 1900.

W. Benecke: „Über den Einfluß der Polform von Magneten auf die Zugkraft derselben". ETZ. 1901, S. 542.

M. Vogelsang: „Über Bremselektromagnete für Gleichstrom". ETZ. 1901, S. 175.

F. R. Dietze: „Hubmagnete für gerade und kreislinige Bewegungen". ETZ. 1902, S. 131 und 252.

R. Hellmund: „Beitrag zur Konstruktion von Mantelmagneten für Bremszwecke". ETZ. 1903, S. 713.

P. Schiemann: „Die mechanische Arbeitsleistung von Hubmagneten nach dem Gesetz von der Erhaltung der Energie". Zeitschr. f. Elektrotechnik, Wien 1905, S. 483.

Gg. Hilpert: „Einfache graphische Ermittlung von Massenwirkungen in der Elektrotechnik nach Analogie mit solchen in der Mechanik." EKB. 1906, S. 41.

F. Emde: „Zur Berechnung der Elektromagnete". E. u. M., Wien 1906, S. 945.

F. Emde: „Über die Beziehung der mechanischen Arbeit von Elektromagneten zu ihrer Energie bei veränderlicher Permeabilität". ETZ. 1908, S. 817.

W. Kaufmann: Müller-Pouillets Lehrbuch der Physik. Bd. IV, 1. Braunschweig 1909.

R. Edler: „Berechnung und Konstruktion elektrischer Schaltapparate". Sammlung Königswerther, Bd. VIII, S. 342 ff. Hannover 1909.

A. Beringer und R. Edler: „Zugkraftversuche an Elektromagneten". E. u. M., Wien 1910, S. 267.

F. Emde: „Die mechanischen Kräfte magnetischen Ursprungs". EKB. 1910, S. 550.

A. Schwaiger: „Einschaltvorgänge bei selbsterregenden Gleichstrommaschinen." E. u. M. Wien 1910, S. 929.

J. Liska: „Zur Berechnung von Wechselstrom-Hubmagneten". ETZ. 1910, S. 985.

E. Jasse: „Über Elektromagnete I". E. u. M., Wien 1910, S. 833.